생활속의 나무이야기

오세창 · 안세희 · 한규성

선 진 문 화 사

머리말

'아낌없이 주는 나무' –이 말을 들을 때마다 우리는 다시 한 번 나무에 대하여 깊이 생각하게 됩니다. 대지에서 처음으로 자라나 인간에게 유용한 목재로 그 삶의 사이클을 마감할 때까지 나무가 주는 가치는 두말할 필요도 없을 것입니다. 나무는 '살아 천년, 죽어 천년' 입니다. 이는 곧 나무는 끝없는 생명을 지니는 우리의 소중한 자원이자 없어서는 안될 존귀한 존재라는 것을 알려주는 것입니다. 목재는 이 지구상에서 유일한 재생 가능한 자원인 나무로부터 나오는 것으로 우리의 일상생활과 항상 함께 하고 있습니다. 보통 인간의 생활이라는 것은 인문적, 사회적 문화 환경과 밀접한 관련을 맺으면서 영위되는 바, 특히 목재와 관련된 인간생활은 현재 자연과 더불어 함께 하는 생활이라는 점에서 더욱 큰 의미를 가집니다.

아쉽게도 자연과 함께하는 생활은 우리에게서 갈수록 멀어지고 나무의 이용이 갖는 의미조차도 희미해져가는 즈음에 환경친화적인 관점에서 상당히 부족한 현재의 생활주거문화에 대한 비판이 일면서 목재는 새로이 삶의 질의 향상이란 관점에서 그 존재가 새로이 인식되고 있습니다. 사실 목재는 선사기대부터 우리와 오랜 동안 같이 지내왔던 친구같은 존재이지만 오히려 그 사용의 의미가 많이 퇴색한 것도 사실입니다.

목재는 통기를 해주고 축축할 때는 습기를 빨아들이며, 마를 때는 습기를 내어주는 재료이면서 동시에 목재는 수명을 다하고 썩으면 자연으로 회귀하여 환원되는 재료로 인간에게 대단히 유익한 삶의 연결고리를 제공해 주는 최상의 재료인 것입니다. 생활재료부터 주택건축, 첨단제품에 이르기까지 이제 나무와 목재를 바라보는 시선이 새로워지고 있는 시점에서 나무와 목재를 이해하고 갖고 있는 소중한 의미를 다시 한 번 찾아보고자 하는 관점에서 이 책은 서술되었습니다. 나무와 관련된 세계는 무궁무진하며 갖고 있는 신비와 비밀도 너무나도 많고 다양하여 그 모든 것을 담아내기는 무척이나 어렵고 힘든 영역입니다. 나무와 목재가 갖고 있는 그 넓고 깊은 세계를 다 알 수가 없어 그 윤곽선이나마 헤아려 보고자 하였습니다. 작업에 많은 도움을 주신 관련 분야의 여러분들께 감사드리며, 거친 원고를 정성스럽게 잘 다듬어 주신 선진문화사 편집부 여러분들께도 감사드립니다. 부디 그 편협함으로 인한 불편은 넓은 아량으로 헤아려 주시길 바랍니다. 나무처럼 목재처럼 간직하고 있는 소중함을 깊이 간직하고 가야 할 걸로 생각됩니다.

2008년 2월 저자일동

차 례

제 1 장 나무의 기원과 문명

1. 나무의 기원

지금으로부터 약 45억 년 전에 지구가 탄생한 이후 바다에서 드디어 원시생명체가 태어나고 이 원시생명체는 진화를 거듭한 끝에, 지금으로부터 25~20억 년 전쯤 광합성을 할 수 있는 스트로마톨라이트(stromatolite)라는 남조류가 크게 번식하여 지구의 대기에 산소를 공급하기 시작하였다.

그림 1-1. 산소를 공급하는 스트로마톨라이트

이후 지금으로부터 약 5억 4천만 년 전에 "캄브리아기의 폭발"이라 불리는 진화에 의해 다세포생물이 폭발적으로 증가하였으며 4억 2천만 년 전에는 급기야 바다 식물이 육지에 진출하게 되었다. 바다속에서 살았지만 이들이 식물로 분류되는 유일한 근거는 햇빛을 사용하여 자랐다는 점이다.

육지에 진출한 식물은 번성하여 육지를 뒤덮게 되는데, 약 3억 5천만 년 전의 석탄기(3억 4500만 년 전~2억 8000만 년 전)에는 식물이 세계적으로 퍼지고 큰 숲을 만들어 유럽과 미국에는 많은 석탄층을 쌓았다. 주요 식물로는 고사리 종류, 큰 속새 종류 등이 있었으며 그 높이는 20~30m였고 이들이 지금의 석탄의 원료가 되었다. 육지에 올라온 식물은 새로운 환경에 적응하기 위하여 몸을 지탱하는 방법을 개발해야 했고, 경쟁에서 이기고자 줄기를 튼튼히 하기 위해 리그닌(lignin)이라는 물질을 만들어 내었다. 많은 시간이 흘러서 아주 큰 줄기를 갖는 식물이 나타났는데 이것이 최초의 나무로 오늘날 우리가 흔히 보는 나무의 조상이 된다. 석탄기 말엽부터는 오늘날의 침엽수와 같은 겉씨식물(나자식물)이 나타나기 시작하며 이 겉씨식물은 공룡들의 주무대였던 중생대의 백악기(1억3천5백만 년 전~6천5백만 년

(a)

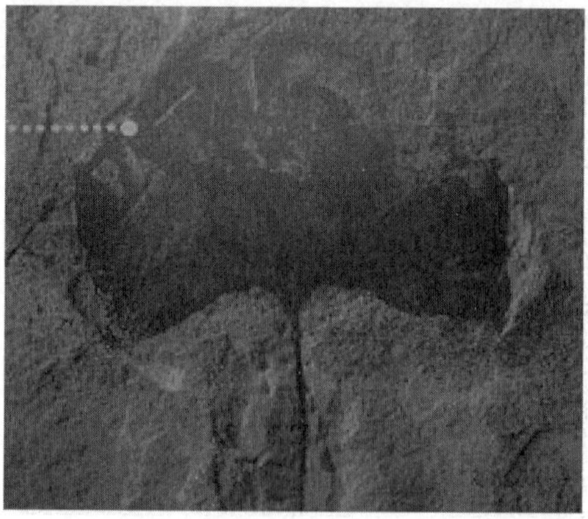

(b)

그림 1-2. 석탄기 대산림의 모식도(a)와 은행나무잎의 화석(b)

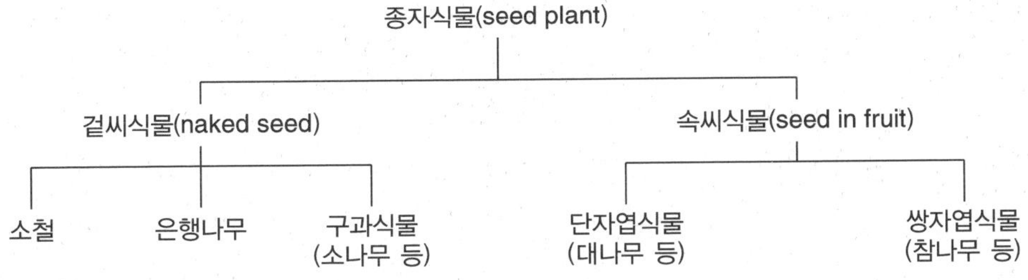

그림 1-3. 나무의 갈래

전)까지 육지를 넓게 덮어 초식공룡들의 먹이가 되었다.

한편, 대형 초식공룡들은 방대한 양의 식물들을 먹어치워 산림을 황폐화시켰다. 이를 못 견딘 식물들은 잎이 질기고 키가 작은 속씨식물(피자식물)로 진화하였다. 즉 꽃이 피는 속씨식물은 백악기 후기에 나타나 더욱 번성하여, 백악기 후기 이후에는 현재와 비슷한 활엽수 등의 식물들이 육지를 점령하게 된다.

이와 같이 진화를 거듭한 나무는 수없이 많은 군으로 갈라졌으며, 우리가 아는 나무는 종자식물로서 겉씨식물과 속씨식물로 구분된다. 겉씨식물은 석탄기에 발생하여 삼엽기에 번성하였으나 지금은 약 700종만이 지구상에 생존해 있다. 대부분 바늘모양의 잎을 가지고 있기 때문에 침엽수(coniferous tree)로 불리며 주로 북반구

그림 1-4. 자이언트 세쿼이아의 거대한 모습

에서 많이 자란다. 속씨식물은 약 25만종에 달하는 거대한 식물군으로 이들은 외떡잎(단자엽)식물과 쌍떡잎(쌍자엽)식물로 다시 구분된다. 쌍떡잎식물 중 목본식물이 바로 우리가 아는 활엽수(broad leaved tree)인 것이다.

현재 지구상에서 부피가 가장 큰 나무는 미국 캘리포니아의 세쿼이아 국립공원에 있는 셔먼 장군(General Sherman)이란 이름을 가진 자이언트 세쿼이아(Giant sequoia)인데, 나이는 2,500살 이상인 것으로 추정되며 그 무게는 무려 6,000톤이 넘는다. 이 나무를 건축자재로 활용한다면 4인 가족이 넉넉하게 살만한 목조주택을 50여 채 정도는 지을 수 있을 것이다.

또한 지구상에서 가장 키가 큰 나무는 미국 캘리포니아 주 북부의 레드우드 국립공원 내에 있는 미국 삼나무로 그 키는 무려 115.5m에 달한다. 이 나무의 높이는 자유의 여신상의 높이인 92m보다 20m이상 높으며, 그리스 신화에 등장하는 거인의 이름을 따서 하이페리온(hyperion)이라 명명되었다.

그림 1-5. 세계에서 가장 키가 큰 나무(redwood)와 가장 오래 사는 나무(bristlecone pine)

그리고 가장 오래 살아 온 나무는 미국 캘리포니아의 화이트산맥(White Mountains)에서 자라고 있는 므두셀라(Methuselah)라는 이름을 가진 브리슬콘소나무(Bristlecone pine)인데 4,800살이 넘은 것으로 추정되고 있으니 청동기시대부터 이

세상을 지키고 있는 셈이다. 므두셀라는 구약성서에 나오는 가장 장수한 사람으로서 노아의 홍수 이전 969세까지 산 유대족장의 이름에서 따온 것이다. 이보다 더 오래된 프로메테우스(Prometheus)라는 나무도 있었으나 1964년 벌채되었다고 한다. 현재 미국 산림청은 이 나무를 반달리즘(vandalism) 신봉자들로부터 보호하기 위해 그 위치를 정확히 밝히지 않고 있다.

2. 나무란?

우리가 보통 나무라 부르는 것은 다년생 식물로 적어도 높이가 4.5m 이상 되고 목질형성층이 지속적으로 존재하며 이차적 생장(높이생장과 직경생장)을 하는 것을 말한다. 이런 의미에서 보면 일반 풀과는 구분되며 또한 대나무는 높이는 문제없으나 이차생장점이 없다는 점에서 나무로 부르기에는 부족한 면이 있다.

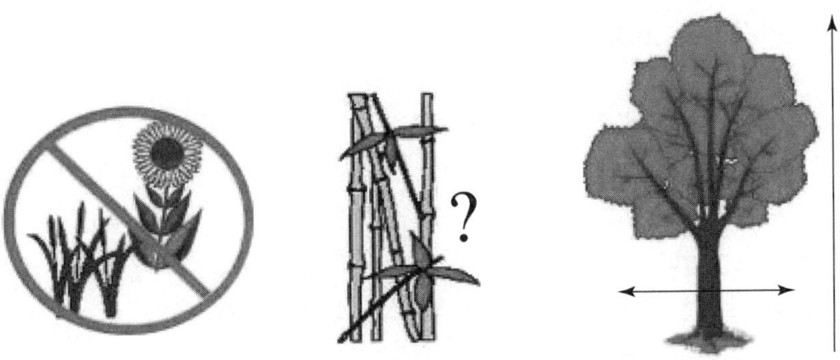

그림 1-6. 풀과 대나무, 나무의 비교

또한 우리가 사용하는 목재는 전체 나무 중에서 수간(stem)이라 부르는 부분으로 뿌리나 잎을 제외한 부분을 말하며 이것이 우리 생활에 긴요하게 사용되는 부분이다.

그림 1-7. 우리가 사용하는 목재－수간(stem)

3. 나무와 문명

1) 신화, 민간신앙 속의 나무

전 세계의 모든 지역에서 나무는 오래된 건국 신화나 전설 속에 등장한다. 단군시대의 신단수에서부터 성황당의 당산나무까지, 또 스칸디나비아의 산림에서부터 인도의 반얀나무 숲에 이르기까지 나무는 신비롭고 성스러운 존재로 각인되어 왔다. 노르웨이 스칸디나비아 북방의 전설 속에 나오는 이그드라실(Igdrasil)은 뿌리가 깊은 Hela(또는 죽음의 왕국)에서 천국 높은 쪽으로 퍼져 전체 우주에 큰 가지가 도달한다는 신화속의 나무이다. 이 나무는 과거, 현재 및 미래이자 동시에 천국과 지옥을 지상과 이어주는 거대한 물푸레나무(ash)의 일종으로 전설 속의 동물과 거인들이 살았다고 전해진다. 오딘(Odin)신은 이 나무의 뿌리에서 나온 샘물을 마시고 지혜를 얻었다고 한다.

단군신화를 기록한 삼국유사에서도 "…… 환웅이 무리 3,000을 거느리고 태백산 꼭대기 신단수 아래로 내려 왔다 ……"는 기록에서 보듯이 신단수(神壇樹)로서 나무는 주요한 상징으로 신화 속에 자리 잡고 있다. 신채호는 조선 상고사에서 '수두의 한역이 소도이며 이는 신단의 뜻으로 태백산의 수림은 신이 거처하는 곳이다' 라

그림 1-8. 이그드라실(Igdrasil) – 전설속의 나무

는 의미를 함축하고 있다고 주장한 바 있다.

한편, 민족의 상징으로 여겨지며 전래되고 있는 壇(혹은 檀)은 한 때 박달나무라는 설이 유력하였으나 경북대 박상진 명예교수에 의하면 신단수로서 박달나무는 수형이나 기품이 신령한 나무라는 인식에 도달하기 힘든 나무여서 실제 기록상의

(a) (b)

그림 1-9. 신단수? – 느티나무(a)와 박달나무(b)

신단수는 느티나무라는 의견을 제시하기도 하였다.

민간 신앙에서도 흔히 당산나무라 부르는 것이 동네마다 있으며, 매년 동제를 지내는 곳이 바로 이 나무를 중심으로 이루어지고 있다. 따라서 예로부터 나무는 신령한 존재이자 지혜의 원천으로 자리매김하고 있으며, 신성한 나무를 해치는 일은 곧 신을 해치는 행위로 인식되어 숲에서 나무를 벌채할 경우 다가올 보복에 대한 두려움으로 벌채 전에 제례를 지내기도 하였다.

그림 1-10. 마을의 수호신-당산나무

2) 나무와 문명

문명의 교류와 발전을 가능하게 한 원동력을 나무에서 찾는 것은 어찌 보면 무모한 것이라고 생각할 수도 있지만, 나무가 불을 지펴주는 재료로 사용되어 온 점을 생각한다면 그리 이상한 일이 아니다. 불을 지핌으로써 추운 지방에서는 인간이 따뜻하게 살 수 있게 되었고, 식용의 곡물을 익혀 적당한 음식으로 만들었으며, 진흙을 구워 물건을 담는 그릇도 만들었다. 게다가, 농기구와 수공예품, 무기 등에서도 기술혁신이 일어나게 되는 것도, 열을 이용하여 광석으로부터 금속을 얻을 수 있게 되었기 때문이다. 건물의 건축에 필요한 벽돌, 시멘트, 석회, 타일 등의 내화성 건축재를 만들 때도 반드시 열을 제공해 준 것은 숯과 장작이었다.

그림 1-11. 인류 최초의 목재의 이용－불

교통 및 수송기관도 나무 없이는 생각할 수가 없다. 고대의 통나무배로부터 현대의 대형 함정에 이르기까지 모든 배는 목재를 다량 사용하여 건조된다. 고대 중국에서 사용된 마차는 모두 나무로 만들어 진 것이며 아메리카 신대륙을 종횡무진 누비며 미국을 발전시킨 증기선과 철도기관차도 나무를 연료로 사용하였다. 전기가 발명되기 이전에 동력을 얻기 위하여 이용한 수차나 풍차도 나무로 만들어졌으며 또한 괭이나 낫 과 같은 농기구의 손잡이와 창, 칼, 총 등 무기의 손잡이도 나무로 만들어 썼다.

이처럼 역사의 흐름 속에서 문명의 발전과 함께 길을 걸어 온 나무는 인류의 생활을 윤택하게 해 주는 도구이자 재료가 되어 왔지만, 한편으론 그로 인해 숲이 사라지고 나아가 인간의 생활터전까지도 잃게 되는 재앙의 근원이 되었다.

인류의 문명은 숲에서 시작되었다. 메소포타미아 문명, 나일 문명, 인더스 문명이나 황하 문명은 숲을 모태로 하여 번창하였다. 숲은 이들 고대 문명의 늘어나는 인구를 부양할 수 있는 중요한 자원이자 원천이었다. 고대문명에서 도시는 약 5,000년전 메소포타미아 남부지역에서 최초로 출현하였으며 이 도시를 건설한 수메르인들은 도시를 위한 관개시설과 인구부양을 위해서 숲을 파괴하여 경작지를 확대하였다. 길가메시(Gilgamesh) 서사시에 등장하는 숲의 신 훔바바(Humbaba)와

그림 1-12. 고대 나무의 이용 - 활과 부메랑(고대 이집트),
참나무로 만든 바퀴 (유럽, B.C. 2700년경)

길가메시의 싸움은 바로 이 장면을 묘사한 것으로 풀이된다. 당시 도시는 신앙과 교역의 중심지였으며 작은 제단에서 발전하여 작은 신전으로, 다시 도시로 성장하는 과정에서 과도한 개발이 이루어졌다. 그 결과, 파괴된 숲은 농업 기반을 파괴시켜 생산기반이 붕괴되었고, 문명 자체를 지속시킬 수 없을 만큼 허약해져 결국에는 문명의 몰락으로 이어지고 말았다. 숲을 딛고 일어선 이들 고대 문명 발상지는 오늘날 사막으로 바뀐 모습으로 남아있다.

프랑스의 작가 샤토브리앙(Chateraubriand, 1768-1848, 프랑스 낭만주의 초기의 작가, 외교관)은 일찍이 "문명 앞에는 숲이 있고 문명 뒤에는 사막이 남는다"고 설파하였다. 우리 인류가 나무를 어떻게 대해야 할 것인가에 대한 해답은 아주 간단하다. 인류의 삶에 있어서 나무는 필수불가결의 요소임이 분명하다. 따라서 우리는 삶의 터전을 지켜나가는 동시에, 그 터전으로부터 얻을 수 있는 최대한의 은혜인 나무를 적절하게 이용하는 방법을 찾음으로써 윤택한 삶을 보장받는 길을 모색하여야 할 것이다.

그림 1-13. 폐허로 변한 고대도시-Byblos

3) 고대 문명과 나무의 이용

약 오백만 년 전에 지구상에 인류가 처음 출현하였을 때 인류는 나무 위에서 나무 열매를 따 먹으며 생활하였다. 이후 나뭇가지를 이용하여 도구를 만들기 시작해서는 땅 위의 낱알도 얻을 수 있었고 동물도 잡아먹을 수 있었다. 한편, 나뭇가지에 불을 붙이면 몸을 따뜻하게 할 수도 있었을 뿐만 아니라 무서운 동물로부터 제 몸을 보호할 수 있다는 것도 알게 되었다. 이렇게 해서 아예 땅 위에 눌러 살게 된 인류는 나무로 집도 짓고, 나무를 태워 그릇도 만들뿐만 아니라 쇠도 만들어 내어 획기적으로 문명을 발전시켜 왔다.

우리나라의 경우 신석기시대까지 거슬러 올라가 이미 8,000년전에 통나무배가 사용되었던 것으로 보인다. 창녕군 부곡면 비봉리 신석기시대 저습지 유적에서 발굴된 배는 최대 길이 3.1m, 최대 너비 60cm, 판재 두께 2.0~5.0cm에 이르는 신석기시대의 통나무배로 지름 2m 가량의 소나무를 이용해 만들어 졌으며, 불에 그슬린 자국이 있는 것으로 미루어 보아 단단한 나무자재를 불에 그슬려 수분흡수를 막아 표면 내수성을 높이는 한편 재질을 유연하게 한 뒤 석기로 자르거나 깎고 갈돌로 표면을 다듬어 배를 만들었을 것이라 추정된다. 울산 반구대 암각화에서 보이는 배의 형태는 신석기에서부터 청동기, 초기철기시대까지 다양한 연대 추정의 근거로 인해 설이 분분하지만 청동기나 초기 철기시대라는 의견이 지배적이며 통나무배에서 한층 진보된 배의 형태로 보인다.

그림 1-14. 비봉리 출토 배와 반구대암각화의 배

영국에서 발견된 우드헨지(wood henge)유적은 신석기 시대의 주거 유적으로 환상으로 돌이 배치되어 있는 형태로 목조건물의 형태(timber circle)가 남아 있다. 이 중 한 유적지에서는 168개의 목조기둥용 구멍이 발견되었는데, 가장 깊은 구멍은 2m 정도여서 목재 기둥의 높이는 최소 지상위로 7.5m정도 올라온 것으로 추정되어 대규모 목조건물이 있었을 것으로 보인다. 이 목재 구조물의 용도에 관한 여러 가

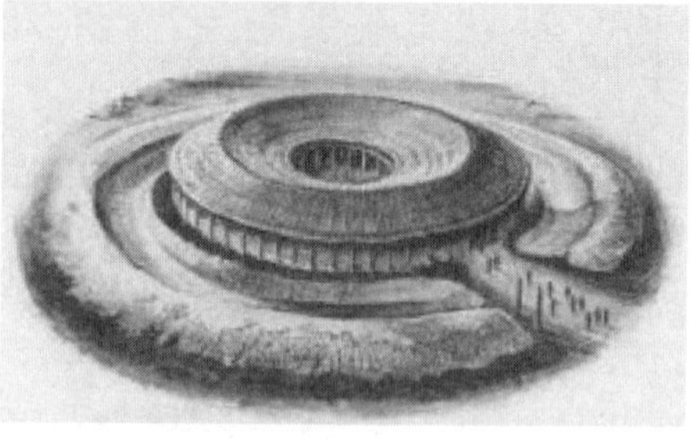

그림 1-15. 우드헨지 유적과 유추해서 본 목조건물

지 설이 있으며, 돌의 배치가 태양의 위치에 따라 배열된 형태를 취하고 있는 것으로 보아 스톤헨지와 연관성이 있을 것으로 추정되고 있을 뿐이다.

또 그리스 신화속의 트로이 전쟁에서 목마(wooden horse)가 등장하는데 이 목마는 전쟁의 승패를 결정하는데 결정적인 역할을 한 것으로 전해지고 있다.

그림 1-16. 복원해본 트로이의 목마

기록에 남아 있는 고대 최대의 목재를 사용하여 지은 건물은 솔로몬왕의 궁전으로 삼나무(cedar wood)가 사용되었는데, 이 나무는 지금 레바논의 국기에 들어 있다. "솔로몬이 자기의 궁을 13년 동안 건축하여 … 레바논 나무로 … 장이 일백 규빗이오, … 기둥 위에 백향목 들보가 있으며 …"라는 성경의 대목에서 보듯이, 기원전 960년경 백향목(레바논삼나무)을 사용한 거대한 건물을 축조하는 대 역사가 있었다. 하지만 이로 인해 수없이 많은 숲이 파괴되어 당시 목재 공급원이었던 지금의 레바논 지역이 사막지대로 변한 것을 보면 궁극적으로 무분별한 파괴가 얼마나 무서운 결과를 초래하는지를 잘 보여 주고 있다.

목재는 또한 문명교류의 산 흔적이기도 하다. 일본 국보 제1호로 지정된 반가사유상의 경우, 일본의 목조불상이 녹나무로 만들어진 반면, 소나무로 만들어진 것은 이 반가사유상이 유일한 것으로 미루어 보아 이 조각품은 완제품 또는 원재료가 한반도에서 도래되었음을 보여주고 있다. 또 공주 무령왕릉에서 출토된 목관이 일본에서만 자라는 금송임이 밝혀져 당시 양국의 교류의 흔적을 밝혀주는 주요한 단서

그림 1-17. 솔로몬왕의 사원 건축 광경

가 되고 있다.

천마총의 이름을 있게 한 천마도가 출토되었을 때 그 바탕이 한대식생인 자작나무 껍질로 알려졌다. 기마민족의 활동무대인 시베리아에서는 지금도 마구를 비롯

그림 1-18. 목불-일본 국보 1호 광륭사 미륵보살반가사유상

한 모든 생활용품은 배에 이르기까지 자작나무 껍질로 만들어 쓰고 있는데 이 자작나무는 북방계 민족들이 신수로 숭배하고 있는 나무이다. 개마고원 일대에서는 장례시 자작나무 껍질로 시신을 둘러싸 매장하는 풍습이 있었으며 신라고분에서 출토된 왕관의 모습이 나뭇가지와 사슴뿔 모양이며 매달린 곡옥은 나뭇잎을 상징한다고 보는 견해도 있어, 신라의 기원을 북방민족의 유래에서 찾아 거슬러 올라가는데 있어 중요한 흔적이라고도 한다. 하지만 자작나무껍질이 아니라 우리나라에도 자라는 자작나무과에 속하는 거제수나무나 사스레나무일 것으로도 보는 견해도 있어 기마 민족 유래설의 증거에 의문을 표하고 있다. 이와 같이 목재로 된 문화재는 문명교류사에 있어 많은 관심거리와 논란거리를 제공하고 있어, 문명의 교류와 발전을 가능하게 한 원동력을 나무에서 찾는 것은 그리 이상한 일이 아닌 것이다.

그림 1-19. 나무를 형상화한 신라의 왕관-신라의 북방기원설

4) 우리나라 고대속의 나무 이용

지금까지 남아있는 선사시대의 목재 유구는 많지는 않으나 일부 발굴 유물을 통해 과거의 목재 이용 형태에 대한 유추가 어느 정도 가능하다. 대전 괴정동의 석곽묘에서 출토된 농경문 청동기에는 이름 그대로 농사를 짓는 모습이 새겨져 있는데 고리가 달린 조그만 청동기의 앞면에는 나뭇가지에 두 마리의 새가 앉아 있고, 뒷

면에는 농기구로 밭을 가는 인물과 곡식을 털어 항아리에 담으려는 인물이 표현되어 있다. 이 농기구는 따비라는 것으로서 얼마 전까지지도 농촌에서 밭을 가는 도구로 이용되었던 것이다.

한편, 집을 지을 때는 목재로 된 기둥을 세우고 도리를 얹어 엮어 붙인 뒤 서까래를 올려 움집을 지었는데 청동의 도구로 목재를 약간 다듬어 사용했을 것으로 여겨진다.

그림 1-20. 목재로 된 농기구를 사용하는 모습이 담긴 농경문 청동기

또 가야는 발전된 제철기술을 이용하여 무기 제작은 물론 일반 농공도구까지 철기로 대체되었다. 이때 필요한 것이 바로 숯이며 이 또한 목재이용의 한 단면을 보여주는 역사적인 사실인 것이다. 묘제에 있어서도 사용된 목관묘와 목곽묘, 주거형태에 있어서도 지상가옥이 발전하면서 나무의 사용량은 크게 증가하였을 것이다.

경남 창원 다호리에서 출토된 옻칠을 한 칼집과 목제 손잡이는 가야의 목공예 기술을 잘 보여주고 있으며 목관은 직경이 1m가 넘는 상수리나무 원목을 길이방향으로 반으로 잘라 구유형으로 중앙부를 파낸 형태인데 곡면으로 파진 자국이 선명하게 남아 있는 것으로 보아 예리한 도끼 혹은 자귀를 사용하였다고 추정된다. 가야의 제철 기술은 신라에 전승되었으며, 제탄 기술과 제철 기술은 더욱 발전하여 삼국을 통일하는 원동력이 되었다. 숯이 있어야 철을 생산할 수 있었기에 신라에는 숯을 관리하는 부서를 둘 정도였다. 그런데 숯을 굽기 위해서는 그만큼 많은 나무를 베어야 했으며, 이로 인해 많은 숲이 황폐해지게 되었다. 또한 신라 후기에는 이 숯이 가정용의 고급연료로 널리 사용됨으로써 산림황폐를 더욱 가속화하는 결정적인 계기가 되었다.

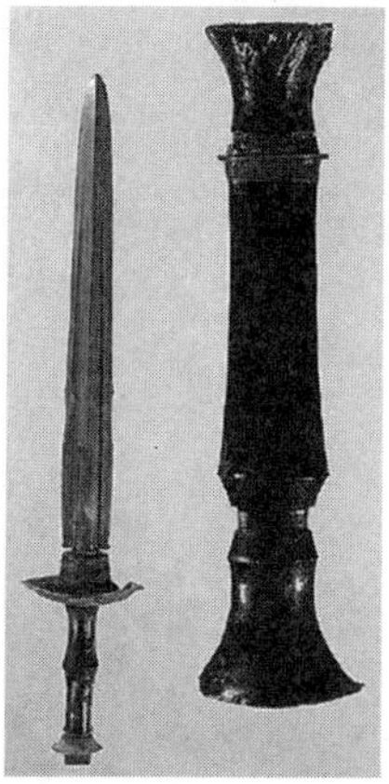

그림 1-21. 다호리에서 출토된 칼집과 목관

또한 목재는 기록문화와 생활문화에 있어서도 중요한 역할을 담당하였는데 출토되는 목간, 죽간 등이 그 좋은 예에 해당한다. 이후 아예 종이를 만들어 그 효용성을 높이기도 하였는데, 경험을 통해 얻은 지식과 생각은 목판과 금속활자로 인쇄한 책을 통하여 널리 알리고 대를 이어 내릴 수 있게 됨으로써 지금과 같은 인류의 찬란한 문화를 꽃피우게 되었다.

이와 같이 목재의 이용 역사를 되새겨 봄으로써 문명교류와 발전의 흔적을 엿볼 수 있으며, 우리에게 많은 역사적인 사실을 일깨워 주고 있다.

〈참 고 문 헌〉

1. Leavengood, Scott. Trees and the products we get from them. Oregon State University, Extension Service.
2. 김기웅. 1981. 한국의 원시, 고대미술. 정음사.
3. 김병모. 1998. 금관의 비밀. 푸른역사.

4. 김영진 역. 1989. 지구의 역사. 대광서림.
5. 박상진. 2004. 역사가 새겨진 나무이야기. 김영사.
6. 전영우. 1999. 숲과 한국문화. 수문출판사.

제 2 장 목재자원

1. 세계의 목재자원

산림은 세계 생물자원의 약 80%를 보유하고 있는 생물자원의 보고이자 건축용 자재, 펄프종이, 연료 등 산업용 목재를 생산하는 자원의 보물섬이다. 세계식량기구(FAO)의 지구산림자원평가(Global Forest Resources Assesment)에 따르면 인류가 농경생활을 하기 이전에는 지구상에 62억 ha의 산림이 존재하였으나, 현재는 세계 전체 산림면적은 39억 5천 2백만 ha로 육지면적의 30%에 불과하다. 총 산림면적 중 지구산림의 66%가 산림이 많은 상위 10개국에 편중되어 있으며, 특히 세계 산림의 53% 이상을 산림부국 5개국(러시아, 브라질, 캐나다, 미국, 중국)이 보유하고 있다. 산업적 용도로 가치 있는 침엽수림은 주로 온대지방과 북미, 러시아, 스칸디나비아반도 등에 존재하며, 활엽수림은 80% 이상이 열대지방에 존재하며 나머지는 온대지방에 분포한다.

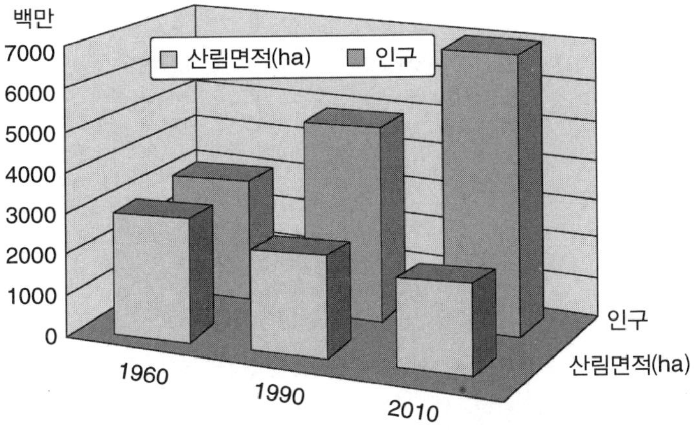

그림 2-1. 세계 인구와 산림면적의 변화추이

세계의 산림면적은 1900년경부터 산업화, 사막화에 따라 급속히 감소되어 왔으나, 최근에는 지속적으로 줄어들고는 있지만 그 감소추세는 경미하다. 경작지로의 전용으로 인해 산림면적이 감소되지만, 조림, 복원, 자연녹화에 의해 순 감소율이 줄어들기 때문이다. 산림감소량이 가장 큰 지역은 남아프리카 지역으로 연간 4천 3백만 ha에 달한다. 반면 아시아의 경우 중국의 대규모 조림으로 인해 산림면적이 증가하고 있으며 유럽에서도 증가추세가 꾸준하다.

2005년도 현재 세계의 총 임목축적량은 4,340억 m^3이며 ha당 평균임목축적은 110 m^3 정도로 평가되었다. 대륙별 분포를 보면 목재자원의 30%가 남아메리카에 분포하는 것으로 나타났는데, 특히 지구의 허파라 불리며 종다양성(biodiversity)의 보고인 브라질 산림의 임목축적은 801억 m^3에 달한다. 하지만 지나친 개발과 무분별한 벌채로 인한 이 지역 열대림의 소실은 지구상에서 가장 중요한 현안문제로 대두하고 있다. 임목자원은 러시아를 제외한 유럽에서는 지난 15년 동안 임목축적이 1.2 m^3/ha/년 증가한 반면, 동남아시아 등지에서는 다량의 벌채로 인해 목재자원이 감소하는 추세에 있다.

표 2-1. 대륙별 목재자원의 현황(2005)

지 역	산림면적(천ha)	축 적	
		백만ha	m^3/ha
아프리카	635,412	64,957	102
아시아	571,577	47,111	82
유럽	1,001,394	107,264	107
북중미	705,849	78,582	111
오세아니아	206,254	7,361	36
남아메리카	831,540	128,944	155
총 계	3,952,025	434,219	110

목재에 대한 수요는 꾸준히 증가하고 있으며 2005년도 기준으로 세계의 임목벌채량은 약 30억 m^3로 나타났다. 목재의 소비성향을 보면 선진국에서는 가공임산물이 목재소비량의 70% 이상을 차지하고 있으나, 개도국에서는 연료용으로 90% 이상이 소비되고 있을 정도로 서로 간에 극심한 불균형을 초래하고 있다. 특히 아프

리카 지역에서의 연료재의 소비실태와 이로 인한 산림면적의 감소, 임목축적의 변화는 세계의 목재수급 구조에 마이너스적인 요인으로 자리 잡고 있다.

세계 10대 목재수입국은 미국, 일본, 독일, 영국, 이태리, 프랑스, 중국, 네덜란드, 한국, 벨기에의 순으로, 목재 수입 면에서 우리나라는 세계적으로 큰 비중을 차지하고 있다. 최대의 목재수출국은 캐나다이며 그 다음이 미국으로, 미국은 최대의 수입국이자 동시에 최고 수준의 수출국인 양면적인 특성을 가지고 있다.

그림 2-2. 목재자원의 보고-열대우림과 열대우림속의 거대한 나무

표 2-2. 대륙별 임목벌채량(2005)

지 역	총벌채량(백만 m^3)	산업용재(백만 m^3)	연료재(백만 m^3)
아프리카	670	79	591
아시아	362	174	189
유럽	681	543	139
북중미	837	725	112
오세아니아	64	54	10
남아메리카	398	225	173
총계	3,013	1,799	1,214

한편, 2004년도 원목소비량은 34억 2천만 m^3로, 이 중 연료재로의 소비는 51.8%, 제재목, 목질판재, 펄프 등 산업용재로의 이용은 48.2%로 나타났으며, 지역별

로는 북중미와 유럽에서 총 소비량의 67.3%인 11억 9백만 m^3을 차지하여 목재의 산업용재로의 수요도 선진국을 위주로 이루어지는 것임을 알 수 있다.

그림 2-3. 임목벌채 광경

2. 우리나라의 목재자원

1) 우리나라의 산림면적과 임목축적

우리나라는 2006년 말 현재 전 국토면적의 64.1%에 해당하는 6,389천 ha의 산림을 보유하고 있다. 국토면적에 대한 산림면적의 비율은 미국 28%, 뉴질랜드 30%, 독일 31%와 비교하여 보면 우리나라는 산림면적의 비율이 매우 높은 나라에 속한다. 우리나라의 전체 임목축적은 2006년 말 기준으로 약 5.26억 m^3 정도이며 ha당 임목축적은 82.3 m^3에 해당하는 목재자원을 보유하고 있다. 임목 축적량에서 보면 뉴질랜드 221 m^3, 일본 171 m^3, 독일 268 m^3, 스위스 368 m^3에 비하여 선진국 수준에는 아직 미치지 못하고 있으나 조선시대의 수많은 외침, 일제시대의 산림수탈, 6.25전쟁 등으로 산림이 황폐화되어 있던 시기로부터 짧은 시간에 녹화를 달성한 것은 사상 유례없는 일로 국제적으로 좋은 평판을 얻고 있다.

표 2-3. 우리나라의 산림면적 및 임목축적량(2006년도)

구 분	면 적(천 ha)		축 적(백만 m^3)		ha당 축적(m^3)
국 유 림	1,497	23.4	159	30	106.2
공 유 림	489	7.6	42	8	85.7
사 유 림	4,403	67.0	325	62	73.8
총 계	6,389	100%	526	100%	82.3

한편, 국토면적에 대한 산림면적의 분포 비율은 높으나, 그 임지에서 자라고 있는 임목의 수령은 30년생 이하의 유령림의 비율이 62%로 높아 본격적인 성숙목의 생산단계에는 아직 이르지 못하고 있다. 이러한 유령 임지에서 생산되는 목재는 숲가꾸기를 목적으로 한 제벌과 간벌작업에서 생산되는 소경재가 많은 부분을 차지하고 있다. 이에 대한 대책의 일환으로 경제림(임산물의 지속가능한 생산을 주목적으로 하는 산림) 조성에 많은 노력을 기울이고 있으며, 특히 국산재 산업 육성을 위한 국산재의 안정적 수급체계 구축을 통하여 산림을 가치있는 자원으로 육성하는데 중점을 두고 관리를 하고 있다.

표 2-4. 나무의 나이별 산림면적 및 임목축적량

수 령 별	면 적(천 ha)		축 적(백만 m^3)	
30년 미만	3,937	62	206	41
30년 이상	2,457	38	300	59
총 계	6,394	100%	506	100%

임목지에 대한 침엽수림의 면적은 42%로서 절반에 가까운 면적을 차지하고 있으며, 활엽수림 26%, 혼효림이 30%를 각각 점하고 있다. 침엽수림의 주요 수종은 소나무, 잣나무, 낙엽송, 리기테다소나무, 전나무, 주목, 곰솔(해송), 편백, 삼나무, 리기다소나무 등이 있으며, 활엽수림의 주요 수종은 참나무류, 포플러류, 오동나무, 아까시나무, 오리나무, 밤나무, 박달나무, 물푸레나무, 층층나무, 느티나무 등으로 600여종의 유용수종이 우리나라의 숲에서 자라고 있다. 2006년 한 해 동안 자

란 나무의 양은 1천 946만 m^3으로 8톤 트럭 243만대에 해당한다. 이를 경제적 가치로 환산하면 약 1조 1000억 원에 달하여 상상을 초월하는 엄청난 양의 목재자원이 숲에서 자라고 있다.

그림 2-4. 자원의 보고-우리의 숲

2) 우리나라의 목재 수급 상황과 수급 구조

국내의 목재상황은 목재 부족으로 거의 대부분을 수입에 의존하고 있으며 산림청에서 추정한 2007년 국내의 총 목재수급량은 27,200천 m^3로 국내재가 2,677천 m^3, 외재가 24,523천 m^3로 목재자급률은 9.8%로 전년대비 0.6% 증가하였으며, 원목자급률은 28.9%로 전년대비 1.2% 증가할 것으로 전망되었다. 최근 들어 목재자급률 추이를 보면 1997년까지는 총 목재 사용량의 4~5% 수준이었으나, 1998년부터는 6~7%로 목재자급률이 증가 추세에 있으며, 산림청의 '21세기 산림비젼' 에 의하면 2007년까지는 10% 이하로 유지하고 점차 자급률을 제고하여 2030년에는 22.4%, 2050년에는 30%로 국내재 공급을 늘려 나갈 계획으로 되어 있다.

국내의 목재의 수급구조를 살펴보면, 종이의 원료가 되는 펄프용 칩의 구성 비율이 가장 높고, 제재용, 합 · 단판용, 보드용, 갱목 및 기타의 순으로 구성되어 있다.

표 2-5. 국내 목재 수급의 현황(2007년)

구 분	항 목	소요량	구성비(%)
수 요	펄프용	11,479천m^3	42.2
	제재용	6,330천m^3	23.3
	합/단판용	3,432천m^3	12.7
	보드용	2,701천m^3	9.8
	갱 목	47천m^3	0.2
	기 타	3,211천m^3	11.8
	합 계	27,200천m^3	100
공 급	국내재	2,677천m^3	9.8%
	외 재	24,523천m^3	90.2%

목재의 수급구조에서 제재용은 외재의 도입 감소에 따라 낙엽송 내장재 등 국내재 대체 수요가 다소 늘어날 것으로 예상되며, 펄프 · 칩용의 경우 제지수요가 증가할 것으로 전망된다.

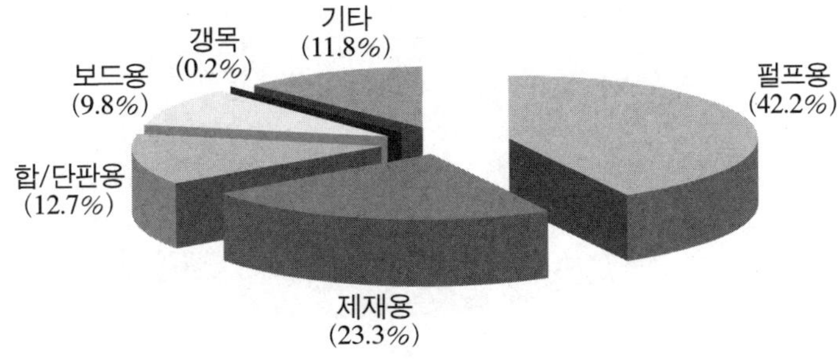

그림 2-5. 우리나라 목재 수급의 구조

국내의 임산물 생산량은 3조 471억 원으로 이 중 용재생산은 1,826천 m^3 정도이며 금액으로는 1,300억 원 정도로 생산총액의 4.3%를 차지하고 있다. 수종별로 침엽수재는 리기다소나무, 소나무류, 낙엽송, 잣나무 순이며, 활엽수재는 참나무류, 밤나무가 주로 생산되었다.

그림 2-6. 합판생산을 위해 대기 중인 원목

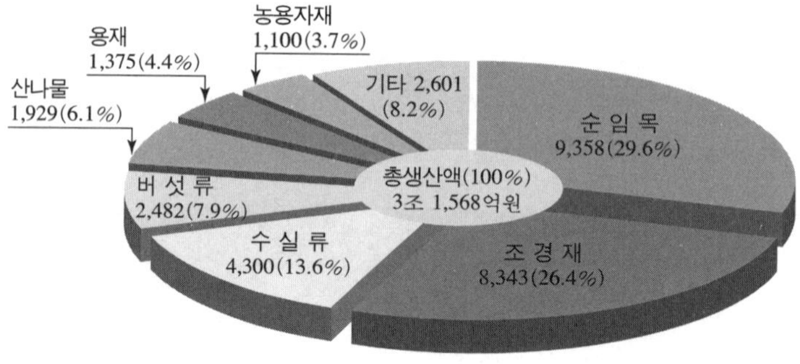

그림 2-7. 2006년 임산물 총생산액

국내의 목재 소비량은 지속적으로 증가될 것이며 2000년 28백만 m^3에서 2030년에는 42백만 m^3로 크게 늘어날 것이다. 특히 지구온난화 방지를 위한 바이오매스, 자연에너지 사용 압력이 가중될 것으로 보여 목재수요에 대한 중요도가 높아질 것이다.

우리나라는 국민 1인당 평생 41m^3의 목재를 소비하여 미국 171m^3, 독일 124m^3에 비해 낮은 수준인 것으로 조사되었는데, 이는 국민 1인당 평생 373 그루의 나무를 베어 사용하는 것이므로 이를 위해서는 매년 5 그루 이상의 나무를 심어야 한다는 것을 의미한다.

3) 우리나라의 목재 수급 대책과 목재 산업의 특징

국내의 목재가공산업은 원자재를 대부분 수입에 의존하고 있다. 우리나라의 산림은 인공조림을 본격적으로 시작한지 얼마 되지 않아 연간 목재소비량 27백만m^3의 94%를 북미, 인도네시아, 말레이시아, 뉴질랜드 등으로부터 수입하여 쓰고 있다. 한국의 목재 산업은 지역의 영세한 제재소 규모에서 발전하여 합판 · 보드류, 제재목, 목조주택 등 고부가가치제품을 생산하는 산업으로 성장하고 있으며 앞으로도 목재의 환경친화적 특성으로 인하여 수요는 더욱 증가할 것으로 전망된다.

그림 2-8. 목재산업의 고부가가치화－목조주택

현재 크고 작은 규모로 운영 중인 목재산업체의 수는 약 300여개로 연간 생산액은 12조원에 달한다. 이 중 합판 · 보드류 산업은 연간 생산량이 250만m^3에 달하여 세계적 규모를 갖춘 대표적인 목재산업으로 자리잡고 있다. 제재목 산업은 현재는 약 1,200여개 업체가 가동 중이며, 연간 제품생산량은 약 430만m^3에 이른다. 목조주택 산업은 국민들의 친환경 건축과 전원주택에 대한 선호 경향으로 매년 시공실적이 증가하여 현재 연간 6,000채 이상의 수요가 발생하고 있다.

목재 수급구조에 대한 조정방안으로 산림청에서 공포한 자료에 따르면 목재자급률을 2010년 11%, 2050년까지 80%까지 끌어 올릴 계획이며 이를 목표로 자급률을 개선하기 위해 2030년까지 350만ha의 산림을 경제림으로 육성할 계획에 있다. 또한 자급률을 높일 수 있는 새로운 수종 개발에 노력하며, 이와 더불어 해외조림이 마무리될 즈음에는 국내 목재소비량의 50%까지 해외 조림지로부터 충당할 계획이며, 2050년까지 100만 ha를 해외조림할 예정으로 있다. 기후변화 협약으로 조림면적에 따라 탄소배출권(2008년부터 선진국의 탄소배출권은 1990년 대비 평균 5.2% 감소토록 의무화)이 결정되는 시점에서 해외조림은 탄소배출권 확보라는 측면에서 매우 중요한 의미를 갖는다.

그림 2-9. 탄소배출권 확보와 목재자원의 안정적 공급을 위한 해외조림

한편 국내 목재가공산업의 경쟁력 제고를 위하여 목재자급률을 높이고 국내 목제품 공급안정에 기여할 수 있도록 목재가공산업의 시설 현대화 및 자동화 지원과 국산 원자재 구입비 등에 대한 지속적인 지원이 필요하다. 또한 목재유통 활성화와 효율적인 소비촉진 방안을 마련하여 국산재의 수요를 촉진하고, 지속적인 공급방안, 제도개선, 품질에 대한 국가공인제도의 마련, 지원 확대 등을 통하여 산림을 자원화하고, 목질계 폐자원의 효율적 활용을 통하여 자원의 재활용에도 적극적인 노력을 경주하여 우리의 경제권을 숲에서 많이 찾도록 하여야 한다.

그림 2-10. 숲에서 찾는 경제권 - 조림지에서 원목을 생산

더불어 목재이용의 의의에 관한 지식의 보급 및 정보의 제공, 새로운 수요의 창출, 건축물에 있어서 목재이용의 활성화가 시급히 요구된다.

〈참 고 문 헌〉

1. 동북아 산림포럼. 2002. 한국의 산림과 임업.
2. 산림청. 2007. 산림과 임업에 관한 연차보고서.
3. 산림청. 2006. 주요 산림정책 추진현황.
4. 산림청. 2000. 21세기 산림비전.
5. 임업단체 총연합회. 2002. 새로운 미래산업으로서의 임업에 관한 토론회. 토론회 자료집.
6. 한국과학기술단체 총연합회, 한국목재공학회. 2007. 목재 이용 및 목조 건축 활성화를 위한 산림관련 법률정비 및 정책대안 기초연구. 2006년도 연구조사사업 보고서.

제 3 장 목재 이해의 기초

지구상에서 유일한 재생가능(renewable)한 자원인 목재는 산림으로부터 나오는 천연의 고분자 물질이다. 목재의 용도는 건축용 자재, 펄프와 종이, 연료, 각종 화학제품의 원료 등 그 용도가 헤아릴 수 없이 많고 다양하다. 또한 가공 시 에너지가 적게 소모되고 무게에 비해 강도가 큰 특징을 갖는 등 다른 재료가 갖지 못한 여러 특성을 보유하고 있다. 이는 목재를 구성하고 있는 세포나 조직의 구조에 따른 독특한 특성 때문이다.

1. 목재의 기본구조에 관한 이해

1) 목재의 3단면

목재를 사용할 때 켜는 방법에 따라 여러 가지 단면이 나타나는데, 각각 다른 생김새를 보여준다. 목재에서는 길이방향에 대해 직각으로 절단한 가로단면(cross section), 나이테와 직각을 이루는 방사단면(R : radial section), 나이테에 접선으로 절단한 접선단면(T : tangential section)이 있는데, 이 세 단면을 목재의 3단면이라 한다. 이들 단면의 성질이 서로 다르므로 우리는 목재를 이방성(anisotropic) 재료, 특히 각 단면이 서로 직각으로 만나므로 직교 이방성(orthotropic) 재료라고 부른다. 이처럼 각 단면에 따라 다른 목재의 성질은 목재의 가공과 이용에 많은 영향을 준다. 그리고 목재에서 배향을 의미할 때는 길이방향, 방사방향, 접선방향으로 구분하므로 이들과 목재의 3단면에 대해 잘 이해하고 있어야 한다.

각각의 단면에서 연륜을 보면 가로단면에서는 동심원상으로 나타나고, 방사단면에서는 평행하게, 접선단면에서는 포물선상 또는 불규칙상으로 나타난다. 이렇듯이 방사단면에 나타나는 연륜의 모양을 정목(곧은결)이라 하고, 접선단면에 나타난 모양을 판목(널결)이라 한다.

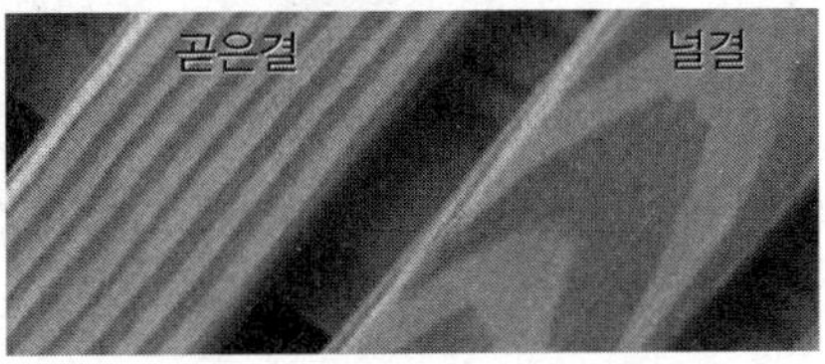

그림 3-1. 나무의 단면(T : 접선단면, R : 방사단면)과 곧은결, 널결목재

2) 목재의 겉보기

통나무를 잘라보면, 가로단면은 대개 원형으로 바깥쪽을 수피(나무껍질)가 둘러싸고 있다. 이 수피를 벗겨내어 잘 살펴보면 두 부분으로 되어 있는데, 바깥에 있는 것을 외수피라 하고, 안쪽 것을 내수피(또는 사부)라 한다. 외수피는 우리 몸의 살갗처럼 기후의 변화에 견디게 해주고 벌레나 곰팡이의 침입을 막아주는 역할을 한다. 그리고 내수피는 길고 질긴 섬유로 된 조직인데, 잎에서 만들어진 영양분이 포함된 수액(우리 몸의 피와 같음)을 나무의 이곳저곳으로 운반하는 통로가 된다. 수피를 벗겨내고 나면 수간은 미끄럽고 물기있는 나무갗을 드러낸다. 이곳이 목부(목재가 되는 부분)와 수피의 경계가 되는 곳으로 형성층(부름켜)이라고 한다. 형성층은 얇은 세포층으로 되어 있는데, 이곳은 사부와 목부가 되는 세포를 만들어내고 있다.

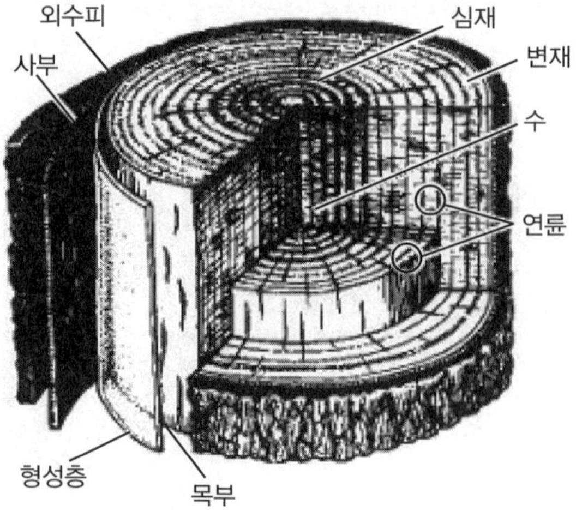

그림 3-2. 목재의 겉보기 구조

(1) 변재와 심재

가로단면에서 먼저 눈에 띄는 것이 수피에 가까운 바깥쪽 부분과 중심(수 : 나무의 중심이 되는 부분)에 가까운 안쪽 부분이 색이 다르다는 것이다. 바깥쪽의 색이 엷은 부분이 변재(sapwood)이고, 안쪽의 색이 짙은 부분이 심재(heartwood)이다. 심재는 수종에 따라 흑색, 갈색, 적색, 홍색, 황색 등의 특유의 색을 나타내고 같은 수종이라도 개체에 따라 색상이 매우 달라지지만, 변재는 수종에 따른 색의 차이가 별로 없이 백색 또는 엷은 황색, 엷은 갈색 등을 나타낸다. 변재는 나무의 살아 있는 부분으로서 수액을 뿌리로부터 잎으로 전달하는 통로가 된다. 우리가 봄에 고로쇠나무의 수액을 받아먹는데, 바로 이곳을 지나는 수액을 마시는 것이다. 이 변재부의 세포는 나이가 들면 그 역할을 다하지 못하고 죽게 되는데, 이렇게 되는 것을 심재화라 하며 이 부분이 바로 심재이다.

(2) 나이테(연륜)

나무의 가로단면에 나이테가 있다는 것은 누구나 다 아는 사실이다. 우리나라와 같이 사계절이 뚜렷한 나라에서는 계절에 따라 자라는 정도가 다르므로, 시기에 따라서 성질이 다른 목재의 층이 생긴다. 봄부터 초여름에 걸쳐서 생장이 빠른 시기에 생기는 부분(색이 옅은 부분)을 춘재(springwood) 또는 조재(earlywood)라 하고, 그 이후의 생장이 더딘 시기에 생기는 부분(색이 진한 부분)을 추재(summerwood) 또는 만재(latewood)라고 한다. 가로단면에서는 이 층이 수를 중심으로 동심원상으로 나타나므로 나이테라고 부른다. 그래서 우리나라와 같이 사계절이 뚜렷하고 성장의 차이가 크게 나타나는 나무에서는 뚜렷한 나이테를 관찰할 수 있지만, 우기와 건기가 반복되면서 생장이 일년내에서도 여러 번씩 지속되는 열대우림에서 자란 라왕과 같은 나무에서 생장륜을 보고 나이를 추정할 경우 상당한 오류가 발생할 수도 있다.

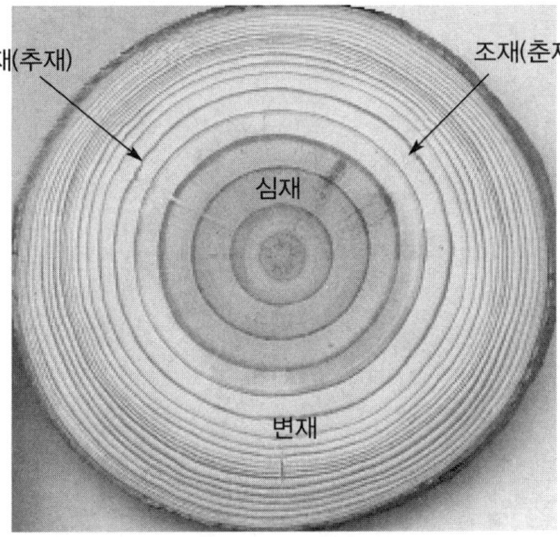

그림 3-3. 목재의 가로 단면

주위 기후환경의 영향을 받는 수목에서 연륜은 생장당시의 많은 정보를 보유하고 있다. 홍수, 가뭄, 산불, 이상기후 등의 정보는 물론이고, 오래된 목조건물의 유구에서 사용된 목재가 언제 어디서 벌채되어 왔는지까지 수많은 정보가 담겨져 있는 관계로 우리는 이 연륜을 자세히 분석해 보면 지금까지 알지 못했던 많은 사실을 알 수 있다. 이와 연관된 학문분야를 연륜연대학(Dendrochronology)이라 하며, 최근에는 이 기법을 이용하여 조선시대 말엽 경복궁 건축에 사용되었던 소나무재가 19세기말에 강원도에서 벌채되고 서울까지 운반되어 사용된 것을 밝혀냈다.

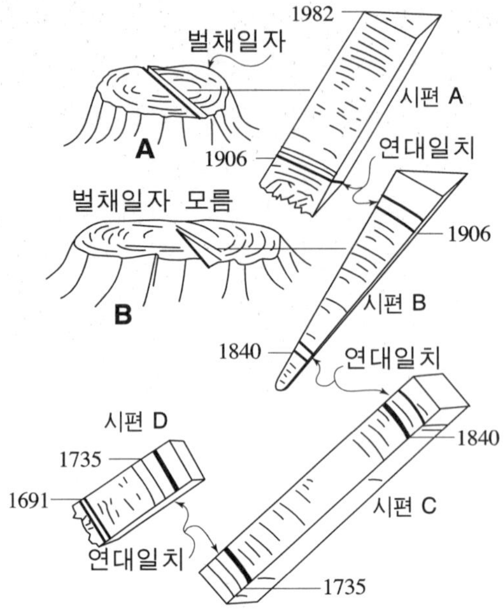

그림 3-4. 연륜을 통한 정보-오래된 목재의 벌채시기 추적

(3) 가로단면에서 보는 관공의 형태

수간의 가로단면을 더욱 자세히 관찰하면, 목재는 종류에 따라 나이테의 모습이 다르다는 것을 발견할 수 있다. 침엽수재에서는 일반적으로 하나의 나이테는 옅은 색의 조재와 짙은 색의 만재로 되어 있으며, 특히 나이테가 확실하게 드러나는 것으로는 소나무, 낙엽송 등을 들 수 있다. 그런데 활엽수재를 보면 도관(활엽수에서 물을 뿌리로부터 잎으로 운반하는 통로)의 잘린 부분인 관공의 배열 방법에서 나무의 특징이 나타난다.

참나무류, 느티나무, 밤나무, 오동나무 등은 나이테가 뚜렷한 특징을 가지고 있으며, 하나의 나이테의 안쪽(조재부)에 나이테의 경계를 따라 관공이 둥글게 1~2열로 나란히 배열하고 있어서 환공재(ring porous wood)라 부른다. 자작나무, 단풍나무, 너도밤나무 등은 나이테가 불명료한 것이 특징인데, 비교적 작은 관공이 거의 균등하게 분산되어 있어서 산공재(diffuse porous wood)라 부른다. 이 외에도 가시나무류에서 볼 수 있듯이, 나이테와 관계없이 관공이 방사방향(수로부터 수피로 향하는 방향)으로 배열한 방사공재(radial porous wood)가 있다.

라왕과 같이 연중 비가 내리는 열대우림에서 나는 목재에는 나이테가 없는 것이 보통이지만, 우기와 건기가 뚜렷한 지역에서 얻는 티크재와 같은 나무는 환공재에 가깝기 때문에 나이테가 보인다.

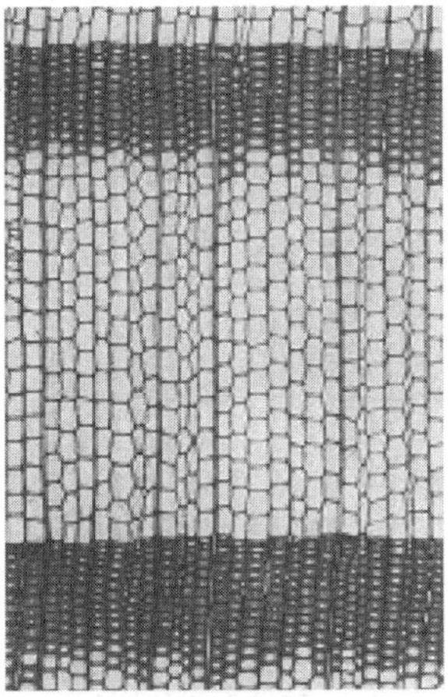

세쿼이어(침엽수)

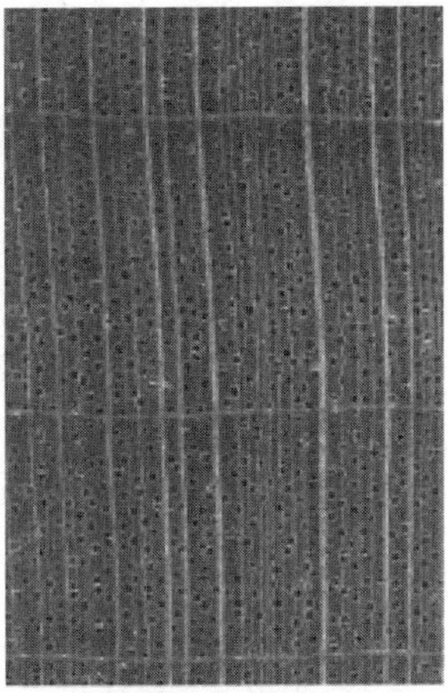

단풍나무(활엽수)

그림 3-5. 침엽수와 활엽수의 가로 단면

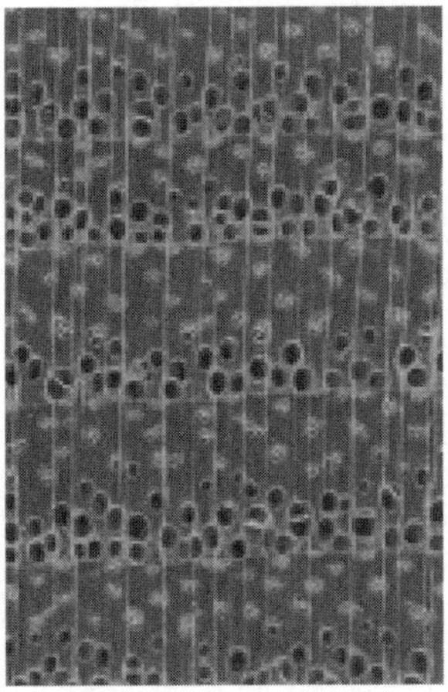

환공재(아까시나무)

산공재(경단풍나무)

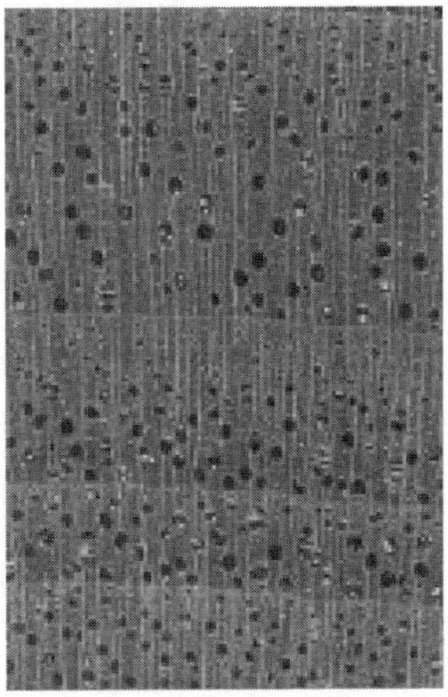

반환(산)공재(호두나무)

그림 3-6. 활엽수의 가로단면에서 관공의 배열형태

너도밤나무, 참나무류의 가로단면에서는, 수에서 수피쪽을 향하여 방사상으로 무늬가 나타난다. 이것은 방사조직(ray)이라 불리는 것으로, 판목면에서는 길이방향으로 긴 방추형으로, 정목면에서는 띠모양의 문양으로 보인다. 방사조직은 어느 목재에도 있는 조직이지만, 주의깊게 보지 않으면 육안으로는 볼 수 없는 나무도 많다.

그림 3-7. 참나무재의 띠모양의 긴 방사조직

(4) 목리와 문양

나이테, 도관, 방사조직 등에 의해 목재의 표면에는 여러 가지 모양이 나타난다. 모양이 나타나는 방법은 표면을 잘라내는 방법에 따라서도 달라진다. 목재의 표면, 특히 종단면(정목면이나 판목면)에서의 나이테, 도관, 섬유 등의 조직의 배열에 의해 나타나는 모습을 목리라고 부르는데, 이로 인하여 목재의 얼굴 표정이 무궁무진하게 달라질 수 있다. 목리의 진행 유형을 보면, 반듯하게 달리는 것, 경사지게 달리는 것, 물결모양으로 달리는 것 등 여러 가지가 있다.

목리의 주행이 수간이나 제재품의 축에 평행한 경우를 통직목리라 부르는데, 곧게 자란 소나무는 통직목리로 되어 있어 다루기도 쉽고 강도도 우수한 특성을 나타낸다. 이에 대해 섬유가 수간의 축에 대해 나선상으로 주행하는 것을 나선목리(선회목리)라고 부르는데, 낙엽송에서 아주 잘 나타난다. 나선목리는 제재면에서는 섬유가 재축에 대해 비스듬하므로 건조할 때 비틀림 등의 결함을 일으키는 원인이 된다.

목재의 문양은 특히 가구용재나 악기용재 등에 미관적인 목적으로 많이 애용된다. 단풍나무에서 많이 관찰되는 문양은 권모문양(curly figure)으로 길이방향의 세포가 파상형태로 구성되었을 때 나타난다. 또 바이올린의 배판으로 쓰이는 문양을 시금배 문양(fiddleback figure)이라 하며, 이밖에 조안문양(bird's eye figure), 절류문양(burl's figure) 등 다양한 문양이 있다.

파상문양

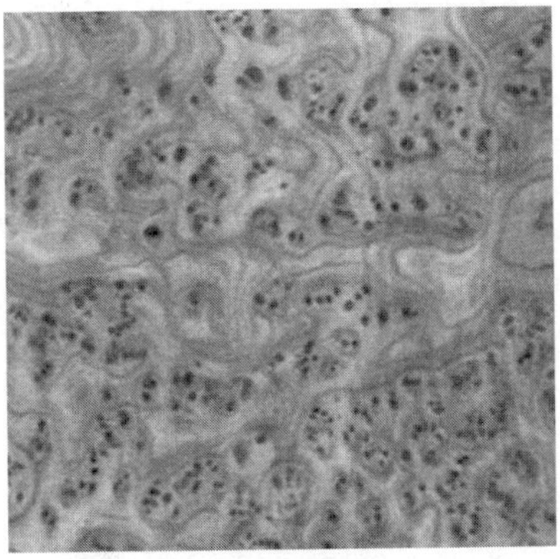

절류문양

조안문양

권모문양

그림 3-8. 목재의 다양한 문양

3) 현미경으로 목재 보기

현미경으로 목재를 관찰해 보면, 눈으로 관찰할 수 없는 작은 우주가 펼쳐진다. 일반적으로 소나무, 잣나무, 가문비나무와 같은 침엽수재는 대부분이 헛물관(가도관)으로 구성되어 있으며, 이 밖에 방사유세포, 방사헛물관, 축방향유세포, 수지구 등이 약간 존재한다. 한편 활엽수재인 상수리나무, 물푸레나무, 느티나무 등은 물관(도관), 목섬유, 방사유세포, 축방향유세포로 구성되어 있으며, 침엽수재에 비하여 복잡한 구성을 하고 있다. 이처럼 침엽수재와 활엽수재 사이에는 구성 요소에 많은 차이가 있으나, 같은 속이나 과에 포함되는 수종 사이에는 구성 요소에 큰 차이가 없다. 그러나 경우에 따라서는 구성 요소의 크기와 모양에 적지 않은 차이가 나타나기도 한다.

헛물관은 침엽수재의 90% 이상을 구성하는 중요한 세포로서, 길이가 2~4mm 정도인 길쭉한 모양이다. 헛물관은 살아 있는 동안에는 수분의 이동 통로가 되는 통도 기능과 수목의 몸체를 지지하는 기계적 지지 기능을 가지고 있다.

물관은 활엽수재를 구성하고 있는 중요한 요소로서, 여러 개의 세포가 축방향으로 연속 배열되어 긴 관 모양의 형태를 나타내고 있다. 물관은 길이가 4.5cm에서 1m 이상에 이르는 것까지 다양하게 있으며, 변재에서는 수분의 통로 역할을 담당하며, 점차 심재화됨에 따라 이와 같은 기능을 잃게 된다.

목섬유는 물관과 함께 활엽수재를 구성하는 중요한 세포이다. 목섬유의 형태를 살펴보면, 양 끝이 날카롭고, 세포벽이 매우 두껍고, 세포내강의 폭이 매우 좁다. 따라서 목재의 비중과 강도 등의 물리 및 기계적 성질에 큰 영향을 끼친다.

수목의 줄기와 같은 방향으로 존재하는 유세포를 축방향유세포라 한다. 침엽수재에서는 특정한 수종에서만 관찰되며, 다만 축방향유세포의 일종인 수지세포로 존재하는 경우가 많다. 이 세포는 양분을 저장하고 분배하는 기능을 하며, 가로단면에서 관찰하면 다소 짙은 색을 띠고 있으므로 다른 종류의 세포와 쉽게 구별된

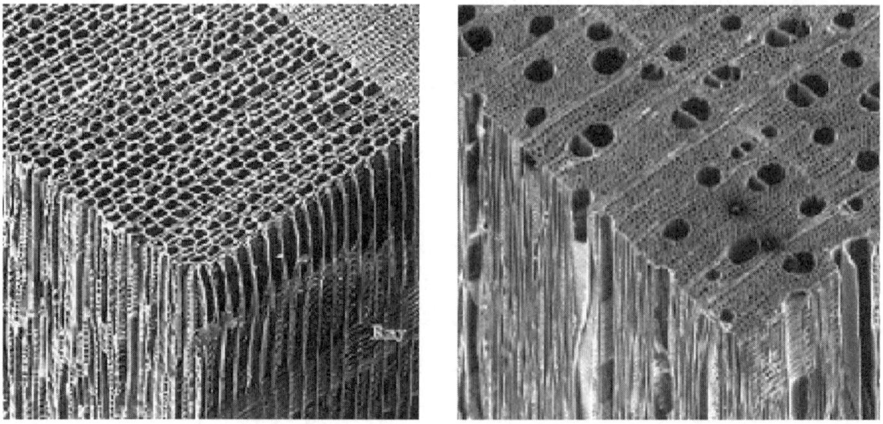

(a) (b)

그림 3-9. 침엽수재(a)와 활엽수재(b)의 현미경적 구조

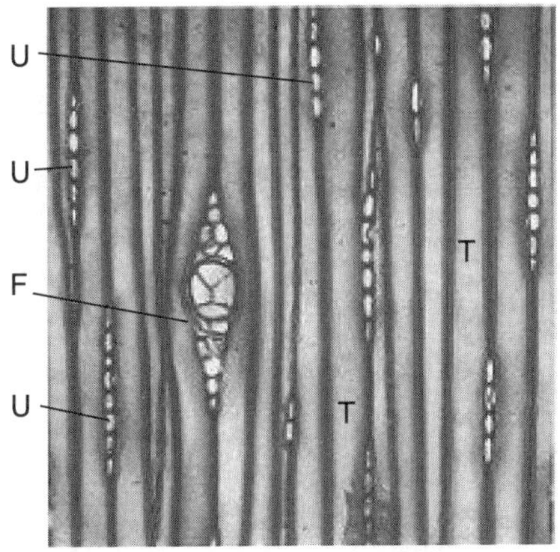

(T : 가도관, U : 단열방사조직, F : 방추형방사조직)

그림 3-10. 침엽수재의 가도관과 방사조직

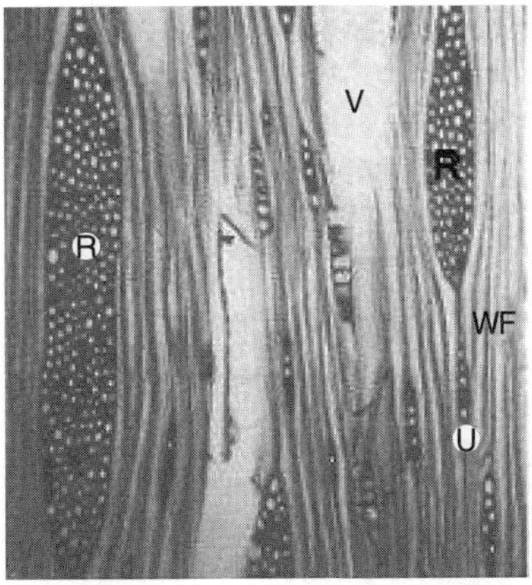

(R : 집합방사조직, U : 단열방사조직, V : 도관, WF : 목섬유)

그림 3-11. 활엽수재의 도관과 방사조직

다. 목재를 구성하고 있는 세포 중에서 수평 방향으로 배열을 이루는 세포가 있는데 이것이 방사유세포이다. 방사유세포는 양분을 저장하고 분배하는 기능을 하고 있는데, 축방향유세포가 양분의 저장과 분배를 수직으로 연락하는데 비하여, 방사유세포는 수평으로 연락한다는 점에서 차이가 있다.

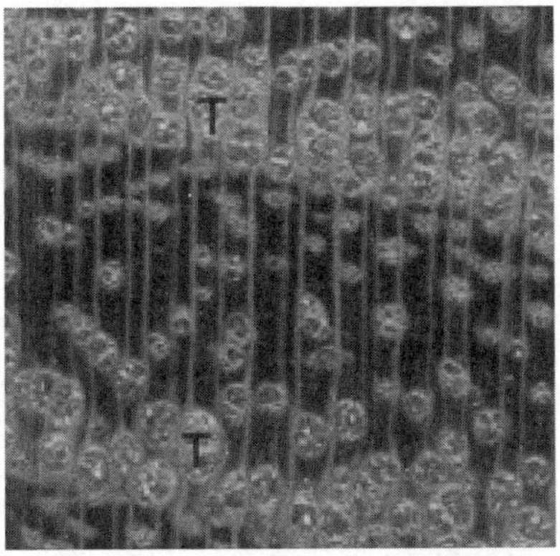

(타일로시스 : T)와 유세포(밝은색 부분)

그림 3-12. 활엽수재의 도관내 충전물질

4) 목재의 초미세구조

목재세포가 가운데가 비어있는 파이프 구조를 하고 있다는 점, 목재세포벽이 마이크로피브릴로 이루어진 견고한 나선구조를 가지고 있다는 점, 수간축에 따라 세포가 다발로 묶여져 접착되어 있다는 점은, 목재가 다른 재료에 비해 단단하고 가벼우면서도 강한 성질을 가지고 있다는 것을 설명해 주는 중요한 단서이다.

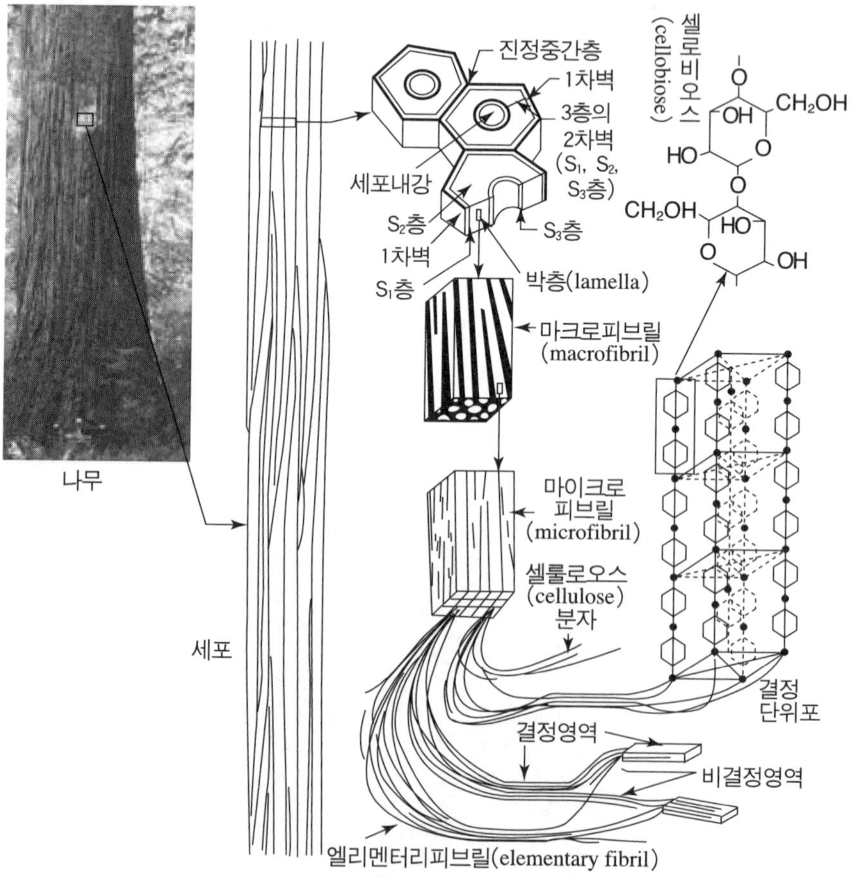

그림 3-13. 목재의 초미세구조 – 가도관의 미세구조

실제로 가도관이나 목섬유 등의 세포벽의 미세구조를 투과형 전자현미경 등으로 조사하여 보면 그림과 같은 기본구조로 되어 있다. 일반적으로 세포벽은 그물 모양

의 1차벽과, 마이크로피브릴의 나선방향이 각기 다른 3개의 층으로 되어 있는 두꺼운 2차벽으로 이루어져 있다. 특히 2차벽 중층은 나선의 방향이 수직의 급경사로 되어 있으며 세포벽의 여러 층 중에서 가장 두껍기 때문에 목재 세포벽 내지는 목재 전체의 역학적 성질을 좌우하게 된다. 그리고 세포상호간은 리그닌으로 강고하게 접착되어 있다.

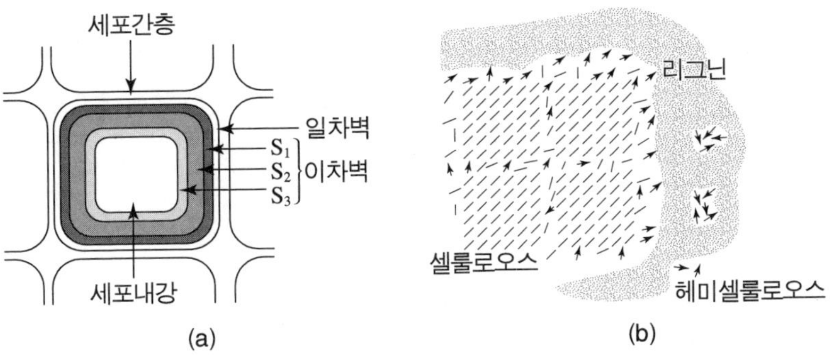

그림 3-14. 세포벽(a)과 세포벽의 매트릭스구조(b)

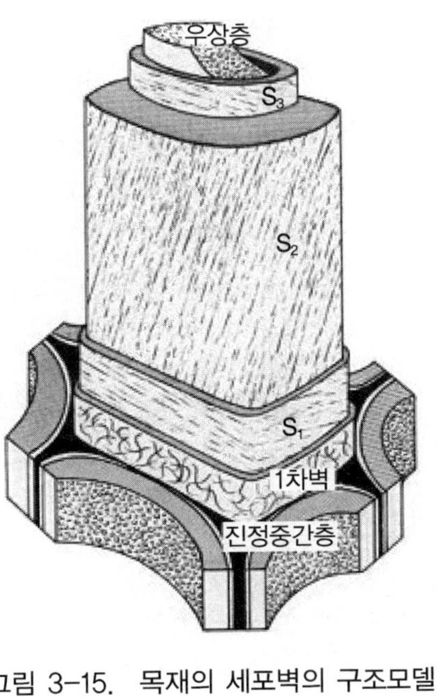

그림 3-15. 목재의 세포벽의 구조모델

목재세포벽의 단단하고 튼튼한 구조는 철근콘크리트 구조에 곧 잘 비유된다. 셀룰로오스의 마이크로피브릴은 지름이 두껍고 긴 철근으로, 헤미셀룰로오스는 철근을 조립하는 가는 철사로, 리그닌은 콘크리트에 비유된다. 그러나 목재세포벽이 왜 단단하고 튼튼한가의 비밀은 이러한 철근콘크리트 구조 외에도 나선 방향이 교호로 변하는 마이크로피브릴의 골격구조와 나무의 구성성분이 복합적으로 섞여져 있다는 점으로부터 찾아낼 수 있다. 이렇게 보면 목재세포벽은 이상적인 복합재료인데 이런 뛰어난 구조적 특성은 최근에 개발된 강화 플라스틱이나 우주 로켓의 몸체 등에 적용되고 있다. 특히 우리 주변에서는 탄소섬유로 된 낚싯대나 골프채의 샤프트 등에서 활용된 예를 쉽게 찾아볼 수 있다.

2. 목재의 결점

1) 옹 이(knots)

수목은 생장하면서 줄기의 측부에 존재하는 싹이 가지로 발달하게 된다. 가지는 길이 생장하는 조직과는 다르게 측면으로 발달한 조직으로서, 원목을 제재하여 제재목으로 전환될 때 동심원상의 특이 형태로 나타나는데 이를 옹이라고 한다. 옹이는 산옹이와 죽은 옹이로 구분되는데 산옹이는 살아있는 가지로부터 생성된 것으로 제재를 하여도 그대로 남아 있지만, 죽은 옹이는 가지가 고사하여 생긴 것으로

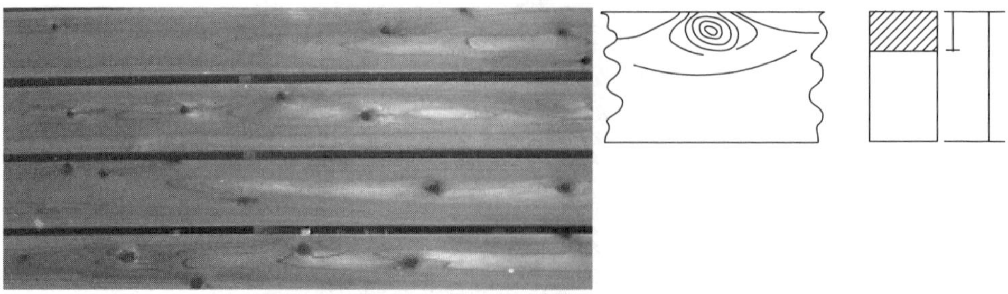

그림 3-16. 목재의 옹이와 옹이로 인한 목재 단면의 손실

제재 후에 빠져 달아나는 경우가 많다. 옹이는 주위의 목재와는 아주 다른 목리를 가지므로 목재의 특성에 영향을 주게 되고, 따라서 목재의 가장 큰 결점으로 지적되고 있다. 특히 옹이의 크기와 위치가 목재의 강도에 매우 큰 영향을 미치기 때문에, 목재를 생산하는데 있어서 옹이가 없는 무절재를 얻는 것은 매우 중요하다. 나무를 키울 때 적절한 가지치기를 하는 것은 옹이를 줄여줌으로써 좋은 나무를 얻고자 하는 방법인 것이다.

2) 이상재(reaction wood)

나무가 자랄 때 경사지에서 자라거나 어떤 원인에 의하여 경사지게 성장할 경우 한쪽으로 치우치는 편심생장을 하게 된다. 이 편심생장 부위에서 비대 생장이 촉진된 부분을 이상재라 하며 정상재와 비교하여 여러 가지 차이점을 갖게 된다. 일반적으로 이상재는 정상재에 비해 강도가 약하고 수축이 크게 일어나며, 가공시 많은 결점이 나타나는 등, 목재의 이용면에서 큰 장애를 나타내므로, 가능한 이상재가 발생하지 않도록 주의하여야 한다. 침엽수재는 경사진 목재의 아래쪽에 이상재가 형성되는데 이를 압축이상재(compression wood)라 하며, 활엽수재는 반대로 위쪽에 생기며 이를 인장이상재(tension wood)라 한다. 이상재의 발생 원인에 대해서는

그림 3-17. 이상재의 발생과 압축이상재의 형태(화살표)

여러 가지 설이 있으나, 수목이 중력방향의 이동에 자극을 받아 형성층 내의 옥신(auxin) 분포가 불균형을 이룸에 따라 발생한다는 설이 대세인 것으로 생각되고 있다.

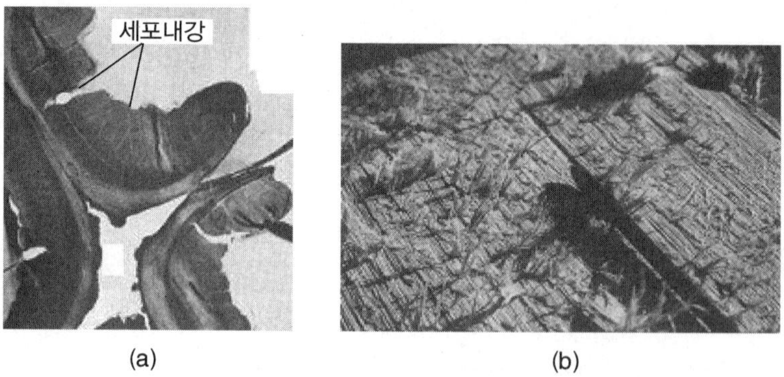

그림 3-18. 세포내강이 찢어진 압축이상재(a)와 인장재의 표면(b)

3) 미성숙재(juvenile wood)

수를 포함한 초기 5~20년간 자란 목재 부분은 비교적 어린 시기에 형성된 목질부로서 미성숙재라 불리는데, 정상재에 비하여 연륜폭이 넓고 추재의 비율이 낮으며 비중이 낮고 가도관의 길이가 짧은 특징을 갖는다. 또한 미성숙재는 정상재보다 수축률이 더 크고 뒤틀리기도 쉬우므로 목재 사용시 주의를 요한다.

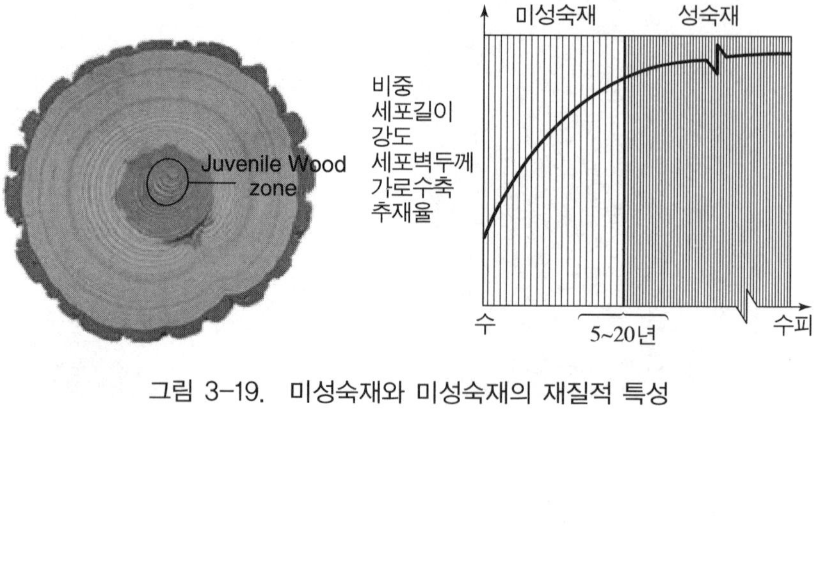

그림 3-19. 미성숙재와 미성숙재의 재질적 특성

4) 교주목리(cross grain)

목리는 재면에 나타나는 구성세포의 배열상태를 말하며 보통 길이방향의 배열을 말한다. 이 배열방향이 목재의 긴 방향에 평행할 때를 통직목리(straight grain)라 부르며, 평행하지 않을 때는 교주목리(cross grain)라 한다. 교주목리 중 나선상 배열을 나타내는 것을 나선목리(spiral grain)라 부르며 이들이 포함된 목재는 강도가 낮고 물리적 성질이 사용에 적합하지 않아 실제 이용할 때 많은 문제가 발생하여 불량재로 취급하기도 한다. 또한 제재시 부주의하여 교주목리가 발생하기도 하여, 이 때문에 섬유 경사 각도가 커져서 목재의 강도가 크게 낮아지므로, 제재 작업 시 세심한 주의가 필요하다.

(a) (b)

그림 3-20. 선회목리 목재(a)와 교주목리(b)로 인한 갈라짐

3. 목재의 물리적 성질에 관한 이해

1) 목재와 수분

벌채한 통나무로부터 제재한 직후의 목재(생재)는 수액으로서의 수분을 다량 함

유하고 있다. 그 양은 수종, 벌채시기, 나무에서의 위치에 따라 다르다. 소나무를 잘라 수간에서 한 변의 길이가 10cm인 정육면체를 떼어내어 무게를 달면 800g 전후가 된다. 이 중에서 목질의 무게(건조무게)는 약 400g으로 나머지가 수분이다. 그러나 대기 중에 장기간 방치하면 목재는 건조되는데, 건조된다고 해서 수분이 완전히 없어지는 것은 아니고 상기의 소나무재에는 약 50g의 수분이 남아 있다.

목재 중 수분의 양을 나타내는 용어로서 함수율이란 것이 있는데, 목재에 들어 있는 수분의 무게를 건조된 목재 무게에 대한 백분율로 나타낸 값으로 나타낸다. 예를 들어 100g의 목재가 있어, 이를 100～105°C로 완전히 말렸을 때 20g의 물이 빠지고 80g으로 되었다고 하면, 처음의 함수율은 이 80g의 목재를 기준으로 하기 때문에 (20÷80) × 100 = 25%가 된다.

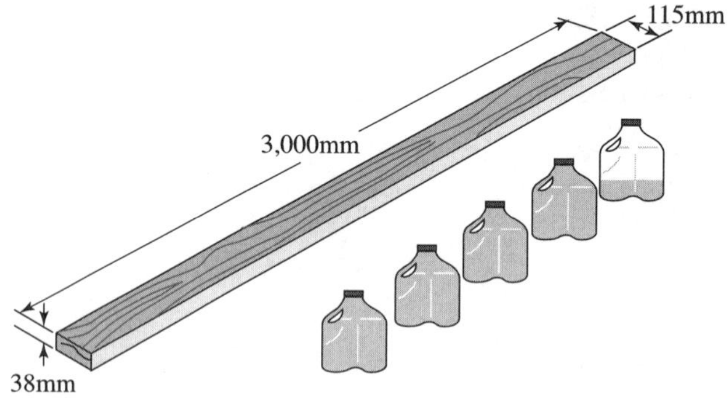

그림 3-21. 목재속의 수분-함수율 50%
(병 1개는 1리터 물이 들어감)

목재에 들어 있는 수분이라도 생재에 있는 수분과 건조재에 들어 있는 수분은 성질이 다르다. 목재에 함유되어 있는 수분은 두 종류로서 자유수(free water)와 결합수(bound water)로 나눌 수 있다. 자유수는 세포내강, 공극 등에 액상(물)으로 존재하는 수분이며, 결합수는 세포벽 내에서 세포벽을 구성하고 있는 물질과 물리/화학적으로 결합하고 있는 수분이다. 목재의 성질에 큰 영향을 미치는 것은 결합수 양의 변화이며, 자유수는 그 양이 변화하면 목재의 무게에는 변화가 있지만 목재의 성질은 별로 변화하지 않는다.

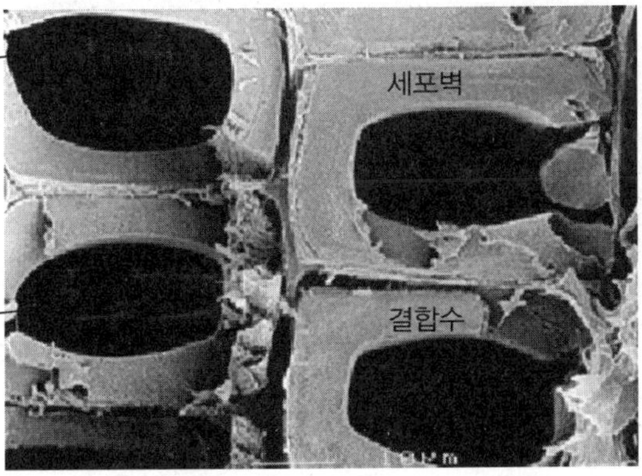

그림 3-22. 목재속의 수분-자유수와 결합수

세포벽이 자유수를 포함하지 않은 채 결합수로 포화되어 있는 상태를 섬유포화점이라 하며, 이 때의 함수율은 수종에 관계없이 28～30%로 일정하다. 반면 생재는 자유수와 결합수를 모두 가지고 있다. 생재를 건조하면 먼저 자유수가 빠져나온다. 자유수가 없어지면 세포벽에 들어 있는 결합수가 감소하면서 목재는 수축하기 시작한다. 따라서 대기중에 장기간 놓아둔 목재(기건재)에 들어 있는 수분은 결합수뿐이다.

수축으로 인해 목재는 본래의 치수에서 수축에 따른 치수로 변경되어 이용상 많은 장애를 일으킨다. 수축은 목재에 틀어짐, 할렬, 마루판에서 틈새의 이완, 가구서랍의 삐걱거림, 문틀의 변형 등과 같은 여러 문제를 일으킨다. 수축은 목재의 방향에 따라 각기 다르며 이를 수축의 이방성이라 한다. 수축은 접선방향에서 가장 크게 일어나고, 방사방향에서는 접선반향의 1/2 정도이며, 길이방향으로는 매우 적게 수축하는데, 대략 그 비율은 100 : 60 : 4 정도이다. 수축의 이방성은 목재를 틀어지게 하는 주원인인데, 틀어짐과 할렬도 이 때문에 생긴다. 따라서 목재는 수축에 따른 결함을 최소화하기 위해 반드시 건조하여 사용하여야 하며, 특히 사용 장소에 알맞은 함수율까지 건조시키면 수축에 따른 문제점을 거의 해소할 수가 있다.

목재는 주위환경이 축축할 때는 수분을 흡수하고 건조할 때는 수분을 내보내어 습도를 적절히 조절하는 능력을 가지고 있으므로, 목재를 습윤성(hygroscopic)재료라고 부른다. 이 때문에 목재는 주위환경의 온도와 습도가 변할 때마다 함수율이 달라진다. 일정한 온도와 습도조건에서 목재가 도달하는 함수율을 평형함수율

(equilibrium moisture contents, EMC)이라 하며 이 상태에서 겉으로 보기에는 수분을 흡수하거나 배출하지 않으므로 수축과 팽윤(수분에 의한 팽창을 일컬음)같은 치수의 변동은 잘 일어나지 않는다.

그림 3-23. 목재의 평형함수율 : 흡습량 = 방습량

목재를 건조시켜 사용하면 수축에 의한 결함의 예방뿐만 아니라 강도가 증가하고 접착과 도장성이 향상되며 못이나 나사못 등의 결합구의 보유력이 증가한다. 또한 열전도율과 전기전도도가 개선되는 등 목재의 이용에 밀접한 관련성이 있기 때문에, 목재를 사용할 경우에는 예상되는 용도에 맞게 반드시 건조한 목재를 사용하여야 한다.

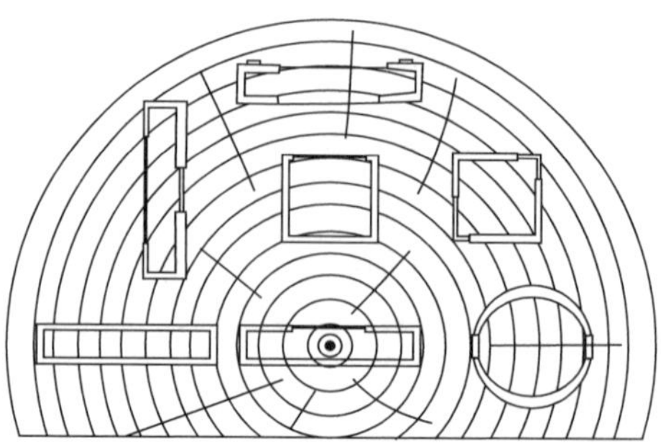

그림 3-24. 목재 수축상태의 모식도

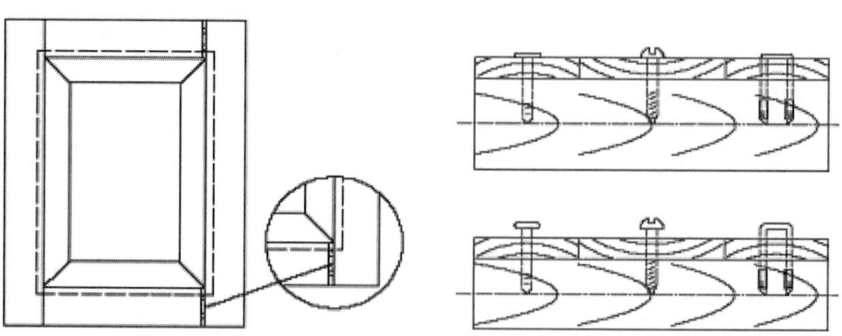

판넬 모서리부의 벌어짐

결합 철물의 느슨해짐

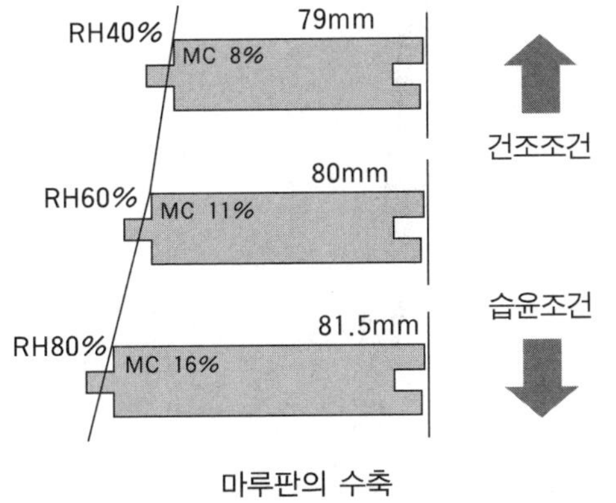

그림 3-25. 목재의 수축으로 인한 피해

2) 목재의 밀도와 비중－같은 크기인데 무게의 차이가 나는 이유

밀도는 단위부피당 무게(g/cm^3)로 나타내는데 목재는 다공성이며 흡습성 재료인 관계로 보유한 수분량에 따라 중량과 부피가 약간씩 변하므로 목재의 밀도를 산정할 때는 무게는 전건무게를 기준으로 하고, 부피는 측정당시의 부피로 한다. 비중은 목재의 밀도에 대한 순수한 물의 밀도의 비율로 단위가 없는 무차원 수이다. 목재의 밀도와 비중은 목재의 성질을 추정하거나 최종용도의 적정여부를 평가하는 등 목재이용에 있어서 재질의 주요 지표로 사용된다. 대체적으로 목재의 비중을 알면 그 목재의 가공성과 용도를 추정할 수 있다. 목재의 비중은 balsa와 같이 비중이 매우 낮은 것부터 lignum bitae 같이 1.2를 넘는 목재에 이르기까지 다양하다. 만일 어떤 목재의 밀도가 0.6g/cm^{3}이라면 이는 물의 6/10 정도의 무게를 지닌다는 말과 같다. 기네스북에 따르면 가장 큰 밀도를 가진 나무는 black iron wood 또는 south african iron wood로 밀도가 1.49g/cm^{3}에 이르며, 가장 작은 밀도를 가지는 나무는 쿠바산 hispida로 밀도가 0.044g/cm^{3}에 불과하다. 일반적으로 목재는 비중이 클수록 강도와 탄성계수가 커진다. 또한 목재의 비중이 커지면 절삭가공시 소요동력이 증가하고 절삭공구의 마모도가 커지지만, 절삭면은 곱게 나타난다. 또한 비중이 큰 목재를 건조할 때는 건조속도가 느려지고 건조결함이 발생하기 쉬우며 수축률도 크게 나타난다.

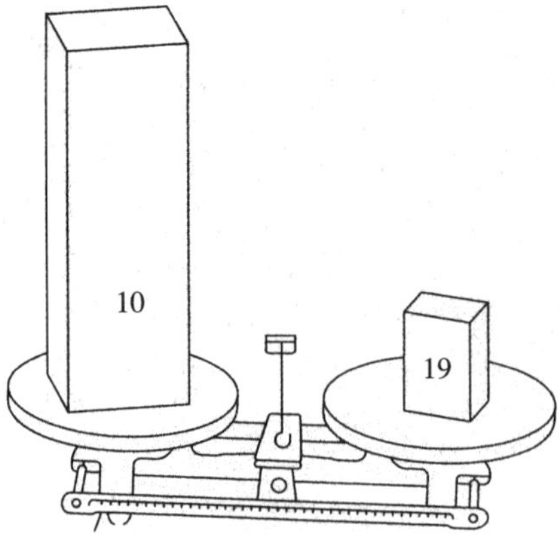

(10번 : 발사, 19번 : 로즈우드)

그림 3-26. 같은 무게일 때 나타나는 목재 비중의 차이

3) 목재의 열적 특성–불에 강한 목재

목재는 가열되면 팽창하고 식으면 줄어든다. 그렇지만 목재의 가열에 따른 수분 감소로 인해 발생하는 수축에 비하면 열팽창은 극히 미미한 수준이므로 큰 문제가 되지는 않는다. 또한 목재의 열전도도는 목재가 다공성재료이기 때문에 다른 재료에 비해 매우 낮은 편으로 콘크리트의 1/7, 철의 1/176, 유리의 1/8, 구리의 1/2890에 불과하다. 따라서 목재는 단열성능이 우수한 재료이며 목조주택의 경우 일반 콘크리트 주택에 비하여 여름에는 시원하고 겨울에는 따뜻한 생활을 할 수가 있어 냉난방비가 크게 절약된다.

목재는 연소하기 쉬운 결점을 가지고 있는 것으로 알려져 있으며 발화점은 400~600°C 정도이다. 반면 단면이 큰 목재를 사용하는 중목구조(heavy timber construction)의 경우 높은 내화등급(1~2시간의 내화등급)을 갖는데, 이는 목재가 착화되면 탄화층이 먼저 형성되고 이 탄화층은 재료 내부로의 열전달을 지연시켜 연소를 억제하는 기능을 갖기 때문이다. 목재의 탄화속도는 보통 시간당 19~39mm 정도이다. 이에 비해 강철은 목재보다 100배 이상의 열전도도를 가지고 쉽게 열팽창하므로, 실제로 타지 않고도 항복(yield)이 일어나는 온도에 이르기까지 열을 흡수하여 구조물의 파괴로 이끌어 목구조에 비하여 내화성이 약한 것으로 평가받고 있다.

(870～950˚C의 온도에 1시간 동안 노출된 redwood 상자.
내부의 신문은 변화없이 안전하다.)

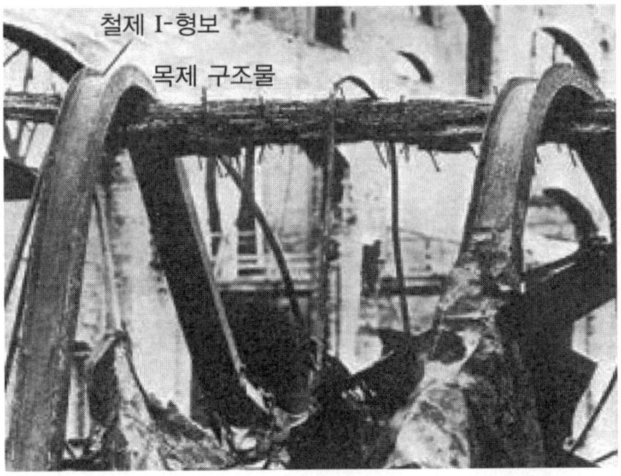

(화재 후 성당 내부의 모습, 철제보는 녹아 내렸으나
목재보는 여전히 구조물을 지지하고 있다.)

그림 3-27. 화재에 강한 목재

4) 목재와 전기

전동공구의 손잡이나 전신주에 목재를 많이 사용한다. 이는 목재의 전기적 성질을 이용한 사례로, 전건목재의 경우 목재는 좋은 절연체가 될 수 있음을 잘 알 수 있다. 목재의 수분 함유량을 측정할 때 전기저항식 수분계를 사용하기도 한다. 이는 수분과 전기저항과의 관계를 이용한 것으로 목재의 함수율을 측정할 때 사용하는 전기저항식 수분계는 5～25% 정도의 범위에서 사용이 가능하며, 이런 방식의 수분계는 함수율 측정시 목재의 밀도, 시험편의 온도, 두께, 목리방향 등에 따라 큰 영향을 받는다.

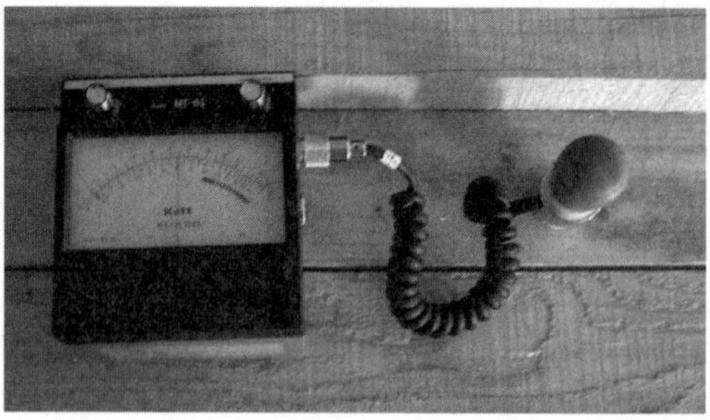

(a)

(b)

그림 3-28. 목재의 전기적 성질을 이용한 수분계(a : 용량식, b : 저항식)

5) 목재와 음향－악기와 비파괴 검사

목재의 음향적 특성으로는 직접 접촉에 의한 소리의 발생과 다른 외부요인에 의해 발생한 소리가 공기를 통해 전파되어 음파의 형태로 목재에 가해지는 성질들과 관련이 있다. 목재의 음향적 특성은 바이올린 등 현악기의 공명상자, 피아노의 음향판, 실내음향 및 목재의 비파괴시험 등에 광범위하게 이용되고 있다.

악기용 목재는 밀도에 비해 탄성계수가 크고, 내부마찰에 의한 손실감쇄가 작아야 하는데 목재 중에서 특히 생장이 균일하고 조직이 치밀하며 결점이 별로 없는 동유럽산의 가문비나무가 이 특성에 가장 적합한 것으로 알려져 있다. 가문비나무 중 수령 130～150년생의 결이 바르고 곧은 정목재(quarter sawn)로서 추재율이 낮고(25% 이하), 연륜간격이 2mm 이하인 치밀한 목재를 많이 사용한다. 이 재료로부터 불후의 명기인 스트라디바리우스, 아마티, 과르넬리 같은 유수의 바이올린이 탄생하였다. 이 중 스트라디바리우스는 풍부한 감정 표현과 다양한 음색을 가진 "명품의 대명사"로 꼽혀왔다. 스트라디바리가 만든 바이올린은 현재까지도 완벽한 상태로 남아있어 저명한 연주자들이 사용하고 있는데 아름다운 소리와 그 희소성 때문에 스트라디바리우스 바이올린의 값은 20억 원을 호가한다. 이 바이올린의 비밀은 동유럽지역에서 오랜 기간 지속된 긴 겨울과 서늘한 여름에 성장한 알프스의 가문비나무들이 예외적으로 단단하고 큰 밀도를 갖게 되었으며 이로 인하여 특수 음향의 성질을 갖게 되었다는 것이다. 업라이트피아노의 세계 최대 생산국인 우리나라에서도 음향판용으로 모두 이 나무를 수입하여 사용하고 있다. 과거 우리나라의 전통악기용 수종으로는 오동나무와 피나무를 많이 사용하였다.

그림 3-29. 최고의 명품 – Guarneri 바이올린

목재의 음향적 성질을 이용한 또 하나의 사례는 비파괴 시험에 사용하는 경우이다. 검사되는 목재를 파괴하지 않고 목재의 강도적 특성(탄성계수)이나, 건축물에

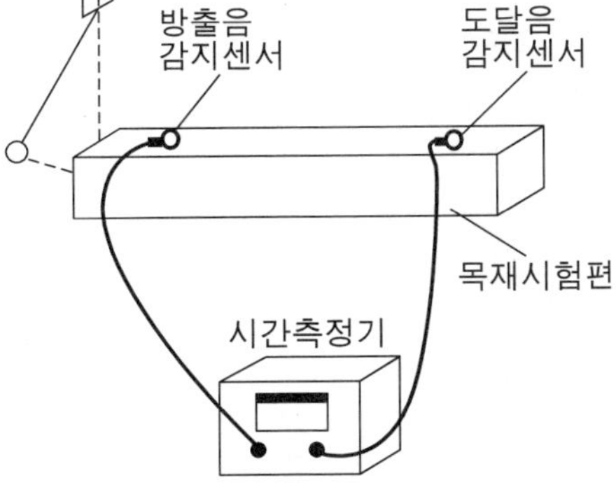

그림 3-30. 목재의 음향적 특성을 이용한 비파괴시험

사용된 목재의 부후상태들을 점검할 때 이 방법을 많이 적용한다. 이는 목재의 내부의 상태에 따라 소리가 전달되는 속도가 차이가 나므로, 이 차이에 의해 목재의 부후상태나 성질을 파악할 수가 있다. 현재 이 기술은 우리나라에서 목재로 건축된 오래된 건축물의 구조성능 평가에 도입되고 있다.

4. 목재의 공학적 성질에 관한 이해

목재는 예로부터 건축물, 농기구, 배, 주택의 가구 등을 만들 때 힘을 받는 부재로 이용되어 왔다. 수백년 된 건물이 본래의 원형을 유지한 채 현재까지 유지되고 있는 사례를 보며 우리는 목재의 구조성능에 경이로움을 느끼게 된다. 이는 목재가 가벼우면서도 강도가 크고 내구성이 뛰어난 독특한 특성에 따른 것이다. 목재의 공학적 또는 기계적 특성은 외부에서 가해지는 힘에 대해 견딜 수 있는 목재의 성능적 특성을 말한다. 여기에는 변형에 대한 저항성을 나타내는 탄성적인 성질과 외력에 대한 저항성을 나타내는 강도적인 성질이 포함된다.

1) 응력과 변형, 탄성

보통 공학적 성질을 이야기할 때는 기본적인 개념으로 응력(stress)과 변형(strain)이 있다. 응력은 외력에 대해 저항하는 힘을 말하고 단위 면적에 대한 힘으로 나타내며 보통 N/mm^2 또는 kgf/cm^2으로 표시한다. 변형은 원래의 치수에 대해 변화된 치수의 비로 나타내며 단위가 없는 무차원 수이다. 이들을 식으로 나타내면 다음과 같다.

$$\text{응력}(\sigma) = \frac{P}{A}(\mathrm{N/mm^2},\ \mathrm{kgf/cm^2})$$

여기서 A : 단면적 , P : 가해진 힘

$$\text{변형}(e) = \frac{\Delta D}{D_i} = \frac{\mathrm{D}_f - \mathrm{D}_i}{D_i}$$

여기서 D_i : 원치수, D_f : 변한 후의 치수, ΔD : 치수 변화량

예를 들어 50mm × 50mm × 100mm의 목재의 횡단면에 1000N의 인장력이 작용

하여 길이가 101mm로 되었다면 발생한 응력은 100/(50 × 50) = 1.6(N/mm^2), 변형은 (101 − 100)/100 = 0.01이 된다.

보통 재료의 탄성적인 성질은 하중이 작용할 때의 변형에 대한 재료의 저항성과 관련된 것으로 하중이 제거되었을 때 원형을 유지하려는 재료의 성능을 말한다. 고무줄과 같이 늘어났다가, 원형으로 되돌아가는 성질이 큰 것을 '탄성(elasticity)이 크다' 라고 하고, 공작용 찰흙이나 엿과 같이 일단 변형되면 원형으로 되돌아가기가 힘든 것을 '소성(plasticity)이 크다' 라고 한다. 목재는 힘이 가해진 후 그 힘이 제거될 때 완전히 원상태로 되돌아오지 않기 때문에 이상적인 탄성체는 아니다. 하지만 시간이 지나면서 잔여 변형이 서서히 회복되는 현상을 보인다. 따라서 목재는 기술적으로는 점탄성 재료로 고려되나 대부분의 공학적 용도에 대해 탄성거동을 하는 것으로 간주된다. 목재가 갖고 있는 탄성적인 성질을 활용한 대표적인 사례가 활이며, 소성적인 성질을 활용한 사례는 가구재에서 많이 사용하는 곡목기법으로 재료의 휨가공에 사용되는 경우이다.

목재의 탄성적인 성질은 탄성계수로 표시되는데, 이 값은 다음 그림과 같은 응력−변형선도에서 직선구간의 기울기가 되며 다음 식으로 표시된다.

$$\text{탄성계수}(E) = \frac{\sigma}{e}\ (\text{N/mm}^2,\ \text{kgf/cm}^2)$$

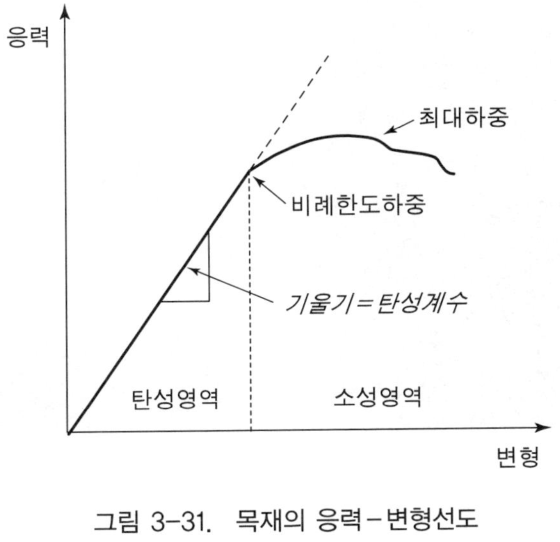

그림 3-31. 목재의 응력−변형선도

2) 목재의 강도

재료의 강도적인 성질은 작용하중에 대한 재료의 최대 저항성을 말하며, 목재의 경우 강도는 수종, 하중조건, 하중지속기간, 주위환경에 따라 많은 영향을 받는다. 목재는 특히 이방성재료이기 때문에 방향에 따라 강도가 각기 달라지게 되며, 탄성계수와 마찬가지로 길이 방향의 강도가 제일 크다. 목재의 강도는 보통 둘로 구분

휨강도

압축강도

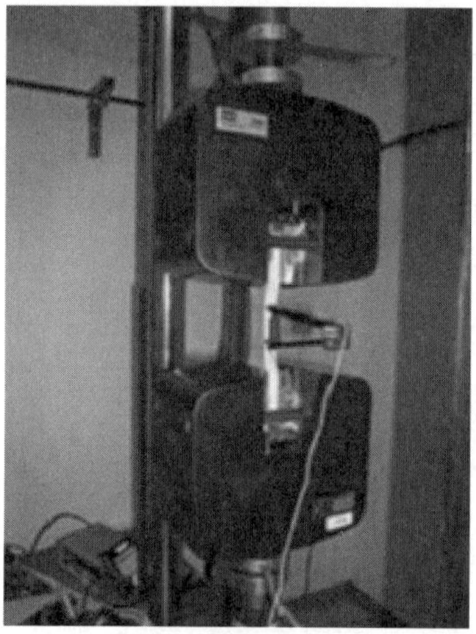

인장강도

전단강도

그림 3-32. 목재의 강도 시험

되는데, 서서히 일정한 속도로 힘을 가할 때의 강도를 정적(static)강도라 하고, 짧은 시간에 순간적인 힘이 작용할 때의 강도를 동적(dynamic)강도라 한다. 정적강도는 목재의 강도를 판정하는 기준자료가 되며, 동적강도는 체육관의 마루판이나 야구방망이와 같이 순간적인 충격하중을 받는 재료의 특성을 파악하는 데 적용한다.

목재의 정적강도에는 휨강도, 인장강도, 압축강도, 전단강도, 경도 등이 있으며, 동적강도에는 충격휨강도 등이 있다. 목구조 건물에서 보는 주로 휨하중을 받으며, 기둥은 압축하중을 받고, 기둥과 보의 파낸 접합부에는 전단력이 작용한다. 책상이나 장롱 등 가구용 장식표면재의 재질은 경도로 표기되고, 트러스 같은 구조체에는 인장, 압축, 휨 등이 복합적으로 작용한다. 농기구나 목공공구 등은 충격하중을 많이 받으므로 충격흡수력이 뛰어난 수종을 선택하여 사용하여야 한다. 야구방망이에 물푸레나무를, 농기구자루에 참나무재를 사용한 것이 각 수종의 특성을 적절히 이용한 사례에 속한다. 특히 목재는 목리에 평행한 방향으로 하중을 받을 때가 수직으로 하중을 받을 때보다 더 강하며, 이 때문에 구조부재는 목리에 평행한 방향으로 높은 하중을 갖는 장점을 이용할 수 있도록 설계된다.

표 3-1. 주요 목재의 공학적 성질

수 종	비 중	탄성계수 (N/mm^2)	휨강도 (N/mm^2)	종압축 (N/mm^2)	횡인장 (N/mm^2)	충격강도 (m)	종전단강도 (N/mm^2)
Sitka spruce	0.36	9900	65	35.7	26	0.64	9.8
Red pine	0.46	11200	58	41.9	32	0.66	8.4
Douglas-fir	0.55	12700	93	52.1	138	0.86	10.8
Beech	0.64	11900	103	50.3	70	0.53	13.9
Ash	0.60	12000	103	51.1	65	1.09	6.5
Red oak	0.68	15700	125	60.3	58	1.24	13.0

목재의 강도를 다른 재료와 비교하면, 소나무재의 종방향 인장강도는 강철의 1/4～1/5, 압축강도는 콘크리트의 1.3～2.5배 정도로서, 중간 이상의 강도 성능을 가진 구조재료이다. 소나무재의 비중이 강철의 약 1/20, 콘크리트의 약 1/5이라는 점을 고려하면, 목재가 경량구조재료로서 우수한 성능을 지녔다는 것을 쉽게 알 수 있다.

똑같은 하중에 견딜 수 있는 강철 들보와 나무 들보를 설계할 경우에 있어서, 중량을 고려하여 목재와 강철의 강도를 비교해 보자. 일반적으로 강재에서는 단면이 I형인 것을 사용한다. 예를 들어 높이가 10cm이고 폭이 7.5cm인 I형강을 들보로 사용하면, 이 들보는 길이 1m당 무게가 13kg 정도가 된다. 한편, 건축용으로 쓰이는 소나무재로 이와 같은 하중에 견디는 들보를 설계하려고 한다면, 높이가 15cm이고 폭이 12cm인 들보가 요구되며, 이 들보의 무게는 1m당 약 7.5kg으로 강재 무게의 60% 정도에 불과하다. 이와 같이 목재는 가볍고도 강한 재료이기 때문에 큰 구조물의 골조재료로 이상적이다.

그림 3-33. 가볍고도 강한 목재-롤러코스터에 사용되는 목재

그림 3-34. 강한 목재-건축물의 골조에 사용되는 목재

목재의 변형특성에서 시간에 따른 영향을 나타내는 것으로 시간에 지남에 따라 변형이 증대되는 현상을 지칭하여 크리이프(creep)라 한다. 책장의 선반에 책이 오랫동안 놓여있을 때 시간에 지남에 따라 처짐이 증가하는 것을 볼 수 있는데 바로 이 현상이 크리이프이며 목재의 점탄성적인 성질에 기인한다. 오래 시간이 경과한 후 책을 들어내면 일부의 처짐만 회복될 뿐 영구처짐이 발생하여 아래로 휘어진 채로 있게 되므로 목재의 이용에 있어서 주의를 요한다.

그림 3-35. 목재의 creep test

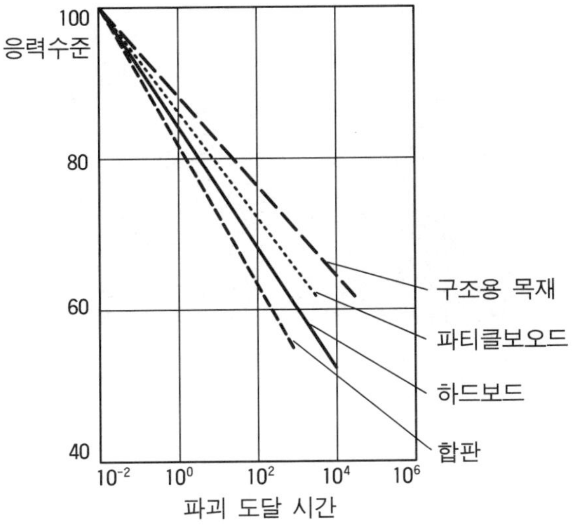

그림 3-36. 단기강도에 대한 응력수준과 재료별 파괴 도달 시간

또한 수없이 많은 반복하중을 받으면 재료의 본래 강도값 이하에서 파괴가 급작스럽게 일어나는데 이를 피로(fatigue)라 하며, 진동이 심한 곳이나 계속해서 반복하중을 받는 곳에 사용되는 곳에 목재는 강철보다 몇 배나 높은 피로강도를 가지므로 이런 곳에 목재를 많이 사용한다.

목재의 강도는 비중이 높을수록 커지며, 함수율이 낮을수록 더 커진다. 하지만, 옹이를 함유하고 있거나 목리가 곧바르지 못하면 강도가 저하되며 미성숙재나 이상재를 함유한 경우에도 마찬가지로 강도가 저하된다. 또한 부후나 곤충의 침입으로 인한 강도저하는 곧바로 구조성능의 감소를 가져와 건물에서는 파괴에 이르는 직접적인 원인을 제공한다. 특히 오래된 고건축물에서 이 영향이 크므로 목재로 된 고건축물의 유지보수에 많은 주의를 기울여야한다.

그림 3-37. 큰 목리경사로 인한 목재의 파괴양상

5. 목재의 화학적 성질에 관한 이해

1) 목재의 주요 구성원소

목재의 주요 구성원소는 탄소, 산소, 수소이며 전체에서 차지하는 비중은 각각 49%, 44%, 6%, 기타 1% 정도이다. 이들 구성요소가 고분자 형태로 결합되어 목재를 구성하며 이 고분자 구조가 목재에 구조적인 일체성과 강점을 가져다 준다. 목재 고분자 구조는 셀룰로오스(cellulose), 헤미셀룰로오스(hemi-cellulose), 리그닌(lignin)의 세 가지로 구분되는데 수종에 따라서 이들의 구성비율이 각각 다르다.

표 3-2. 목재의 화학적 구성

고분자의 종류	점유비율(전건무게 기준)
셀룰로오스	40～50
헤미셀룰로오스	20～35
리그닌	15～35

2) 셀룰로오스

셀룰로오스는 목재에서 가장 중요한 고분자 물질이다. 셀룰로오스는 광합성의 산물이며 광합성 당시 물과 이산화탄소로부터 글루코오스(glucose)와 다른 당류가 생성된다. 글루코오스는 각 단위체로부터 물 한 분자가 빠져나와 무수글루코오스로 변화되며 이 물질은 5,000～10,000개의 글루코오스 단위체를 갖는 셀룰로오스 분자로 고분자화 된다. 인접한 무수글루코오스간의 결합력 때문에 두 개의 무수글루코오스로 구성된 셀룰로오스 분자의 반복단위를 셀로비오스 유니트(cellobiose unit)라 한다.

셀룰로오스 고분자는 결정의 형태로 배열되는데 그곳에서 각 셀로비오스 유니트에 있는 −OH기에 의해 인접고분자간에 서로 결합된다. 이 결합은 무수글루코오스가 긴 쇄상의 고분자로 형성되는 말단기끼리의 결합만큼 강하지는 못하지만 목재에 충분한 강도를 제공하고 각종 물리적 특성을 부여한다.

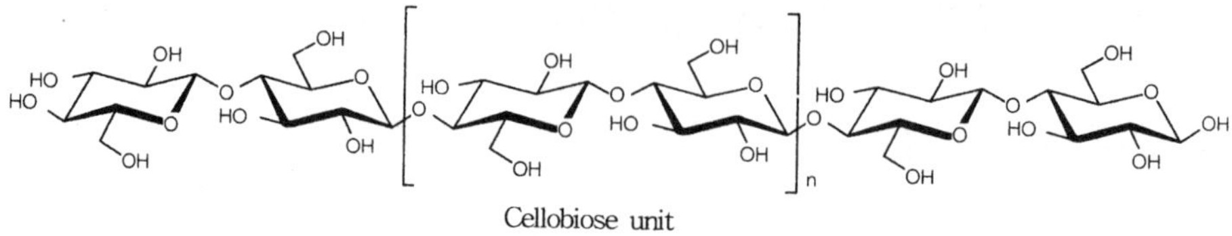

그림 3-38. 셀룰로오스 분자의 모식도

3) 헤미셀룰로오스

헤미셀룰로오스는 셀룰로오스와 비슷한 구조를 가지나 말단기 간의 반복결합정도가 150정도에 불과해 셀룰로오스의 5,000~10,000과 비교할 때 매우 낮은 분자량을 갖는다. 헤미셀룰로오스는 광합성에 의해 갈락토오스, 만노오스, 시로오스 및 아라비노오스와 더불어 글루코오스로부터 생성되며 각종 당고분자 물질의 혼합물이다. 일부는 셀룰로오스 분자처럼 직선적인 가교결합을 하기도 하나 결합의 길이가 짧은 것이 보편적이다.

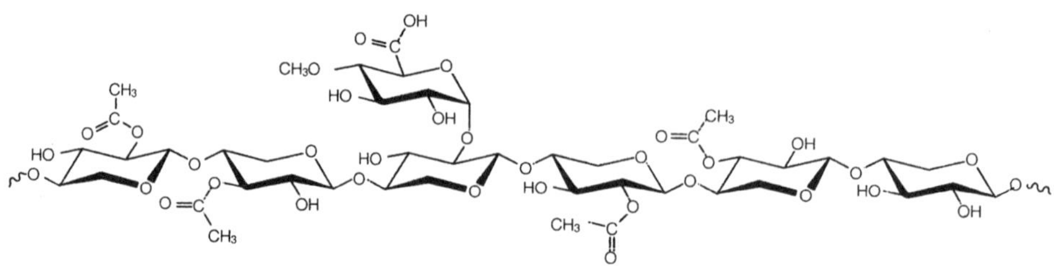

그림 3-39. 헤미셀룰로오스 분자의 모식도

4) 리그닌

리그닌은 분자구조가 매우 다양한 고분자량을 갖는 고분자 물질이다. 리그닌은 비결정성이며 세포를 서로 결합시키는 결합제의 역할을 한다. 셀룰로오스, 헤미셀룰로오스와 마찬가지로 리그닌은 탄소, 산소, 수소로부터 만들어지지만 이 구성요소들이 서로 다르게 배열되어 있으므로 탄수화물로 분류되지는 않는다. 리그닌은 페놀계통의 화합물로 분류되며 기본단위는 페닐프로판(phenylpropane)이며 세포벽에 강성을 부여한다.

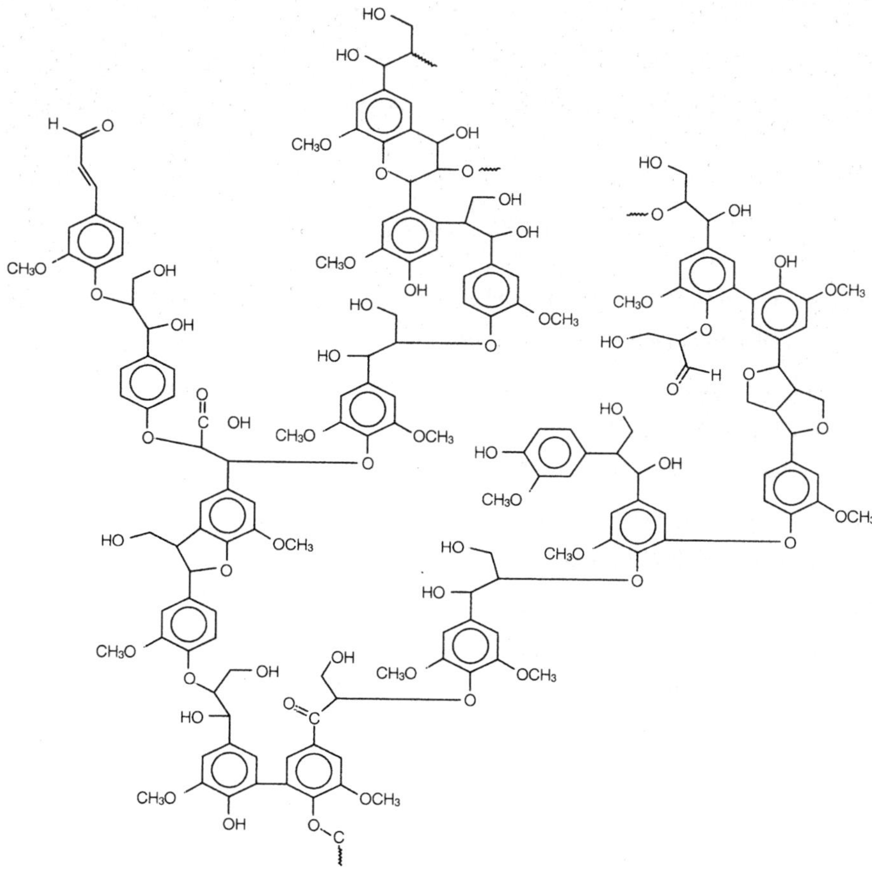

그림 3-40. 침엽수 리그닌의 구조

5) 추출물

목재 내에는 3대 구성 고분자외에도 수많은 화학물질이 존재하며 존재량은 미미하지만 일부 물질은 상당량이 존재하기도 한다. 대부분의 화학물질은 목재의 필수 구성성분이 아니며 매우 다양한 화학물질인 관계로 이들을 추출물(extractives)이라 부른다. 추출물 중에서 상업적으로 중요한 것이 있는데 이를 올레오레진(oleoresin)이라 하며 이 물질로부터 터펜(turpene), 각종 정유(oils)와 로진(rosin)을 추출해 낸다. 폴리페놀계통의 추출물로는 탄닌(tannin), 플라본(flavones), 리그난(lignan) 등이 있다. 이외에도 검(gum), 왁스(wax), 지방산(fatty acids) 등의 추출물도 있다.

목재 내에 있는 무기물을 회분(ash)이라 부르며 칼슘, 포타슘, 마그네시움, 실리콘 등이 보편적이다. 이 중 실리콘은 절삭공구를 마모시키므로 주의를 요한다.

〈참 고 문 헌〉

1. Bowyer, Jim. 1998. The nature of wood and wood products. Univ. of Minnesota and Forest Product Management Development Institute.
2. Forest Product Laboratory. 1999. Wood Handbook. USDA, Forest Service. General Technical Report, FPL-GTR-113.
3. Hoadley, Bruce. R. 1980. Understanding wood. The Taunton Press.
4. Western Wood Products Association. 1992. Western wood species book.－Vol 1. Dimension lumber. WWPA. Org.
5. http://legacy.ncsu.edu/WPS202/index.html
6. http://www.wsuonline.weber.edu/course.cmt.1210/Lecture
7. 류장발 외. 2003. 농업의 세계.－제6장. 대구대학교 출판부
8. 엄영근. 1999. 목재의 비밀. WIT 컨설팅
9. 정희석. 1989. 목재교실. 교육과학사.
10. 上村 武. 1994. 木材活用事典. 産業調査會.
11. 일본목재학회. 1995. すばらしい木の世界. 海青社
12. 일본목재신문사. 1995. 新しい木質建材. 日刊木材新聞社

제 4 장 목재자원로부터 만들어지는 제품

1. 공학목재 – 절약의 미학과 목질재료의 과학

목재가 갖고 있는 장점을 최대한 살리고 단점을 최소화하여 인간생활에 필요한 주택이나 건물, 가구, 건구, 악기 등으로 사용되는 목재의 수요는 무궁무진하다. 목재와 목질재료라는 용어는 주택건축에 사용되는 기둥, 보, 서까래, 내외장용 판재 등의 제재품으로부터 합판, 집성재, 목질패널류, 그 외 목재를 원료로 한 제품을 지칭하는 상당히 넓은 의미로 사용된다.

최근까지 목재산업계에서는 제재목은 직경이 크고 좋은 재질을 갖는 원목의 풍부한 수급에 의존해 왔다. 하지만 인구가 급격히 증가하고 산림에 대한 보존 및 다양한 기능에 따른 새로운 요구가 강해짐에 따라 재질이 좋은 원목의 수급이 점차 힘들어져 원목의 공급이 한계에 부닥치고 있다. 목재의 수요는 지난 30년간 전 세계적으로 두 배 이상 증가하였으며 현재 세계적으로 연간 35억 m^3이 소모되는 것으로 추정되고, 2050년에는 연간 52억 m^3에 이를 것으로 전망된다. 북미의 경우 매년 1인당 직경 45cm, 높이 30m의 나무 한그루에 해당하는 목재를 사용한다고 한다. 목재에 대한 수요의 증대와 목재자원의 급격한 변화에 따른 실현가능한 해결책으로 등장한 개념이 바로 공학목재(Engineered Wood Product, EWP)이다.

공학목재는 이용가능한 산림자원의 이용도를 높이고 수율을 증대시킨다. 임목축적량이 많아짐에도 불구하고 현재 사용하는 원목의 대부분은 천연림이 아닌 2차, 3차의 조림지로부터 생산된 것이다. 이는 갈수록 구하기가 어려워지는 천연림으로부터 나온 원목에 비해 재질이 불안정하며 틀어지기 쉬운 어린나무를 사용한다는 것을 의미한다. 하지만 수세기에 걸쳐 누적된 임업지식과 현대기술의 융합은 속성수, 소경재, 저질재, 미이용재를 이용하여 고부가가치의 새로운 제품으로 만드는 방법을 가능하게 하였으며, 그 결과 목재산업계에 새로운 지평이 열리고 있다.

목질재료의 역사를 거슬러 올라가 보면 이미 BC 5000년 경 이집트시대에 의자의 장식용으로 삼나무(cedar)의 얇은 판재에 흑단과 상아의 얇은 조각을 접착제로 붙여 장식하는 기술이 있었으며, 톱의 사용이 보편화되었다는 것을 고대 유적을 통하여 확인할 수가 있다. 또 솔로몬왕의 궁전을 짓기 위해 삼나무의 벌채금지령을 내리기도 하였다. 이후 중세의 암흑기를 거쳐 르네상스시대를 거쳐 19세기의 산업혁명과 20세기 초의 세계전쟁을 거치는 동안 목질재료분야는 비약적인 발전을 이루었다. 현대의 제조기술을 이용하여 작은 원재료로부터 큰 구조용 목질건자재를 제조하는 방법이 발달하였으며, 합판과 OSB(oriented strand board), 파티클보드(particleboard), 하드보드(hardboard), 중밀도섬유판(MDF, medium density fiberboard), LVL(laminated veneer lumber), PSL(parallel strand lumber, 상품명으로 Paralam), LSL(laminated strand lumber), 림보드(rimboard : thick oriented strand board), 손가락 결합부재(finger-jointed lumber), 구조용 집성재(glued laminated timber, 상품명으로 Glulam), 목재 I-장선(wood I-joist) 등과 같은 새로운 목질재료인 공학목재가 탄생하였다.

일반 제재목과 마찬가지로 공학목재는 제조에너지의 소모가 적고 이산화탄소 및 다른 공해물질의 방출도 적은 친환경소재로서 각광을 받고 있다. 현대의 공학목재는 효율적인 비용, 사용의 간편성, 환경친화성, 상대적으로 높은 강도와 강도의 균일성, 재작업의 필요성을 줄여주는 예측가능한 성능을 갖고 있어, 건축업자들을 비

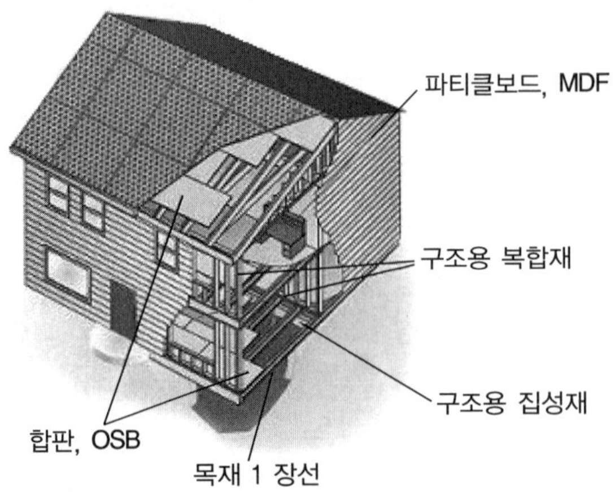

그림 4-1. 생활의 일부가 된 공학목재

롯한 많은 사람들이 이들 제품을 더 많이 사용하도록 권장하고 있는 실정이며 이들 제품은 이제 우리생활에 없어서는 안 될 중요한 요소가 되었다.

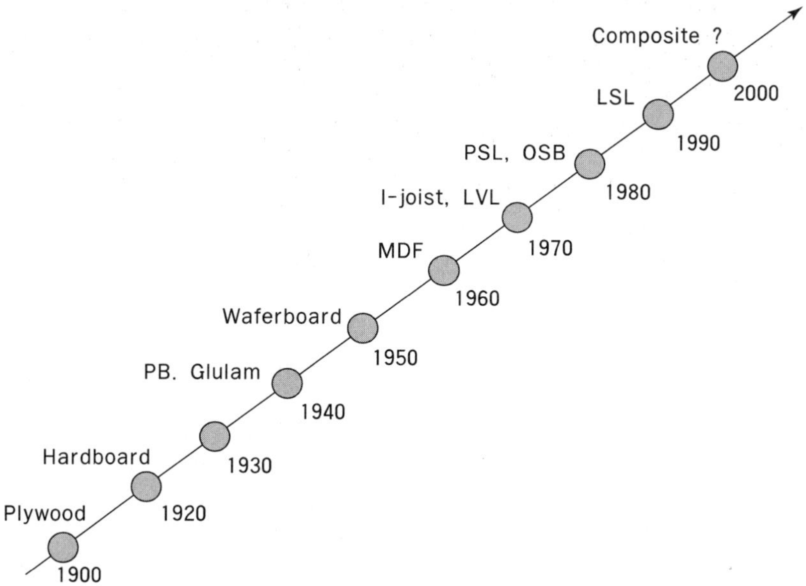

그림 4-2. 공학목재의 개발 동향

2. 공학목재의 분류

공학목재는 구조용(structural)과 산업용(industrial)으로 구분한다. 여기서 구조용이라는 말은 건물에서 힘을 받는 부재나 요소들을 일컬을 때 사용한다. 구조용도에는 지붕의 무게를 지지하는 서까래와 지붕을 지지하고 바람과 같은 측방하중에 대해 저항력을 갖는 샛기둥 등이 포함된다. 구조용 공학목재는 다음과 같은 4가지 종류의 그룹으로 분류된다.

① 구조용 패널(Structural wood panel)

② 구조용 집성재(Glued laminated timber, glulam)

③ 구조용 복합재(Structural wood composite lumber)

④ I-장선 (Wood I-joist)

또한 공학목재는 비구조용인 산업용재로서의 용도를 갖고 있다. 여기에는 가구, 바닥재, 지붕, 중량컨테이너, 다리와 고속도로 교량공사에 사용하는 콘크리트 형틀 등이 있다. 이 제품들은 일반 제재목의 대체재로서 좋은 성능을 보여주고 있다. 중요한 비구조용 공학목재로는 파티클보드, 중밀도섬유판(MDF)이 있다.

1) 구조용 공학목재

(1) 구조용 패널

구조용 패널은 넓은 면을 요구하는 곳에 가장 널리 사용되는 공학목재로, 외벽널(siding), 덮개, 처마반자, 계단디딤판 및 챌판, 목재 I-장선의 복재와 같은 구조재로 많은 용도에 사용된다. 또한 콘크리트 형틀, 팔레트, 운반용 상자, 곡물창고, 가구, 보트 제조와 같은 산업적인 용도로도 많이 사용된다.

구조용 패널의 주 제품은 합판과 OSB이다. 이 제품들은 강도, 강성 및 치수안정성을 증대시키기 위하여 각종 목질 원료를 적층시켜 제조된 것이다. 두 제품간의 주요차이점은 층의 구성에 있다.

가. 구조용 합판

구조용 패널의 원형인 합판은 얇은 판재나 단판을 인접층간에 목리방향이 서로 직교가 되도록 하여 적층한 것이다. 이들 단판간의 직교적층구조는 합판에 대해 뛰어난 강도, 강성 및 치수안정성을 부여해 준다. 각 층은 한 장의 단판이나 2장 이상의 목리방향이 같은 단판이 하나의 층으로 되어 구성된다. 보통 적층수는 홀수이며 표면의 목리방향은 판재의 긴 쪽 방향에 대하여 평행하게 구성되어 있다.

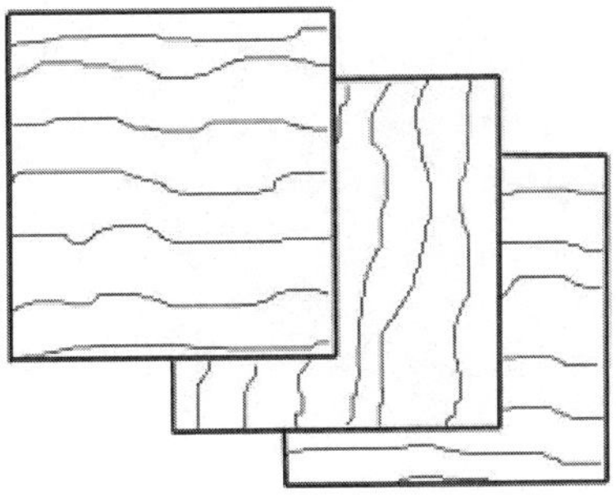

그림 4-3. 합판의 층구조와 형틀용 합판

그림 4-4. 단판구성과 합판으로 마무리된 벽의 아름다움

나. 오에스비(OSB)

오에스비는 사각형의 스트랜드를 접착제로 붙여서 매트를 형성하여 제조된 것이다. 합판에서 각 단판들처럼 매트의 층은 최대의 강도, 강성 및 치수안정성을 부여해 주기 위해 층별로 서로 직교하도록 되어 있다. 오에스비는 1970년대 후반 웨이퍼보드(waferboard, WB)로부터 발전된 것으로 오에스비의 원재료인 스트랜드가 더 길고 배향성을 갖는다는 점에서 차이가 있다. 오에스비는 구조용 합판과 마찬가지로 구조용 덮개, 목재 I-장선의 복재, 구조용 단열패널의 외피재로 사용되며 그 용도가 점차 확장추세에 있다.

그림 4-5. 오에스비(OSB) 매트와 완성된 오에스비

그림 4-6. 목조건물의 덮개재로 사용되는 오에스비

(2) 구조용 복합재

구조용 복합재는 기둥과 보와 같은 축을 구성하는 구조용 제재목을 대체하기 위해 사용되는 공학목재로, 건조된 목재단판이나 스트랜드를 내수성 접착제로 접착시켜 단면이 큰 블록형상으로 만든 것이다. 구성된 각 층의 배향은 구조용 패널에서처럼 서로 직교하는 것이 아니라 같은 방향으로 구성되어, 표면이나 측면으로부터 힘을 받을 때 일반 구조재보다 훨씬 뛰어난 성능을 발휘하게 한다. 구조용 복합재의 가장 큰 장점은 예전처럼 직경이 큰 대경재에서만 생산되던 큰 구조재를, 상대적으로 직경이 작은 소경재와 다양한 수종을 사용하여 성능이 더 뛰어난 구조재를 만들 수 있도록 하는 단판가공과 접착공정에 있다. 이로 인해 목재자원이 효율

적으로 이용될 수 있다.

구조용 복합재에는 단판적층재(laminated veneer lumber, LVL), PSL(parallel strand lumber), OSL(oriented strand lumber)이 있으며 구조용 패널과 마찬가지로 구성층의 형상이 서로 다르다.

가. 단판적층재(laminated veneer lumber, LVL)

비교적 두꺼운 단판을 길이방향으로 평행하게 접착시켜 적층구성한 것으로, 사용되는 단판의 두께는 2.5mm～6mm 정도이다. LVL은 구조용 복합재 중 가장 광범위하게 사용되는 제품으로 인방(header)과 보 같은 휨 부재로 많이 사용되며, 특히 생산량의 50% 정도가 I-장선의 현재(chord)로 사용된다. LVL은 강도, 치수의 균일성, 치수안정성 등에서 제재목에 비해 많은 장점을 갖고 있으며, 같은 크기의 제재목보다 2배 이상 강하다.

나. PSL(parallel strand lumber)

PSL은 긴 스트랜드를 길이방향으로 평행하게 배열하여 접착 후 압착시켜 만든 것으로 매우 강도가 높은 구조용 재료이다. LVL, 구조용 집성재와 마찬가지로 이 제품은 높은 휨강도가 요구되는 보와 인방재로 많이 사용되며 내력기둥재로도 자주 사용된다.

Laminated Veneer Lumber　　Parallel Strand Lumber

그림 4-7. LVL과 PSL

그림 4-8. 가로(보), 세로(기둥)부재로 사용되는 PSL

다. OSL(oriented strand lumber)

OSL은 PSL과 마찬가지로 스트랜드로 제조되는데, 이 스트랜드는 두께에 대한 길이의 비율이 매우 높다(두께에 비해 아주 길다.). 샛기둥부터 대형구조부재에 이르기까지 다양하게 사용되며 최근 새로이 개발된 제품이다.

그림 4-9. 새로운 공학목재-OSL

(3) 구조용 집성재(glued laminated timber, Glulam)

구조용 집성재는 층재(lamination)라 불리는 공칭두께 50mm 이하의 건조된 제재목을 길이방향으로 접착하여 적층구성한 제품이다. 이 것은 대형 목구조건축 및 교량 등과 같이 구조성능과 외관적인 요소가 요구될 때 사용되는 부재로, 옹이 등과 같은 각종 결점을 분산 배치하여 동일한 치수의 제재목보다 구조성능이 높으며 단

(일본 고노하나 돔)

그림 4-10. 대형건축구조에 사용되는 집성재와 구성부재

면의 치수와 길이를 원하는대로 조절할 수 있다. 집성재는 구성부재가 제재가공되어 나오는 제재목보다 더 큰 구조용재의 제조가 가능하고, 아치(arches)와 트러스, 주거용 건물의 큰 보 및 일반 보, 돔(domes), 구조용 기둥, 다리 등에 많이 적용되며 복합곡면을 포함한 다양한 형태의 건축적인 효과를 창조 해 낼 수 있다.

미국의 경우 생산되는 집성재는 반 이상이 주거용 건물의 신축 및 리모델링에 사용되었으며 일본에서도 그 사용량이 매년 증가추세에 있다.

(4) I-장선(I-joist)

I-장선은 제재목이나 단판적층재를 현재(flange)로 하고 복재(web)로는 합판이나 오에스비(OSB)를 사용한 구조재로, 주로 하중을 많이 받는 긴 경간의 구조물에 사용된다. 치수안정성이 뛰어나고 균일한 강도적 성질을 지니면서도 부재의 무게가 가벼운 특징을 지니기 때문에, 동일한 강도성능을 갖는 제재목 보에 비해 50% 이상 목재의 소모량을 줄이는 효과가 있다. I-장선은 보통 지붕과 바닥구조에 많이 쓰이는데, 시공 시 노동력의 절감과 시공기간의 단축으로 인해 제품의 경제성이 높아 최근 우리나라에서도 I-장선의 사용이 적극 검토되고 있다.

그림 4-11. I-장선과 집성재 보 위의 I-장선

2) 산업용재(비구조용재)

(1) 파티클보드(particleboard)

파티클보드는 목재의 작은 입자(particle)에 접착제를 분무하고 열압하여 판상으로 성형 제조한 목질 판상재료이다. 원료목재는 가격만 저렴하다면 어떠한 형태의 것이라도 모두 이용할 수가 있는데, 미이용재, 임지 폐잔재, 공장 폐잔재, 대팻밥 등이 사용되고 있다.

파티클보드는 일반 가구(옷장, 침대, 화장대, 장식장 등), 부엌가구, 사무용가구, 건축용재, 스포츠용품, 캐비닛, 피아노 프레임, 교구용 책상, 칠판, 경량칸막이 등에 많이 사용하며, 특히 우리나라에서는 부엌가구용으로 수요가 가장 많다.

그림 4-12. 파티클보드와 파티클보드로 만든 부엌가구

(2) 중밀도섬유판(midium density fiberboard, MDF)

섬유판은 식물질 원료를 주원료로 하여 이것을 펄프화한 다음 파이버상태의 원료를 사용하여 만든 밀도가 다양한 패널재료를 말하며, 이중 비중이 0.40~0.80 정도의 것을 중밀도섬유판이라 한다. 중밀도섬유판은 파티클보드와 같은 방법으로 제조되지만, 표면이 편평하며 부드럽고 치밀하여 다양한 곡면으로 절삭가공이 용이하며 도장효과가 좋아 표면에 단판 등을 적층시키거나 인쇄가 보다 용이하다. 원료로는 합판 공장으로부터 배출되는 박심(剝心)이나 1차, 2차의 각종 가공 부산물 및 폐잔재, 간벌중소경재 등 침 · 활엽수재에 관계없이 어떠한 것이라도 모두 원료로 이용할 수가 있다.

섬유판은 일반 가구, 사무용가구, 부엌용 가구, 오디오 제품, 인테리어용품, 실내장식재, 서류함, 마루판, 천장재, 벽체, 전자제품, 시계, 거울, 장난감 등의 수많은 용도로 사용되며, 향후 그 용도가 더욱 확대될 것으로 기대된다.

그림 4-13. MDF와 MDF로 만든 문

(3) 목재-플라스틱 복합재료(wood-plastic composites, WPC)

WPC는 목재와 열가소성 접착제 및 기타 첨가물로 제조된 천연섬유 고분자 복합재료(Natural Fiber Polymer Composites)이다. 이때 목재는 목분의 형태로 이용되며 열가소성 접착제로는 저밀도 및 고밀도 폴리에텔렌(LDPE, HDPE), 폴리프로필

렌(PP), 폴리 비닐클로라이드(PVC) 등이 사용된다. WPC 제조 시 첨가되는 첨가제로는 윤활제, 무기계 충전제, 착색제, 자외선 안정제, 살균제 및 내화제 등이 있다.

WPC는 사출성형방식으로 많이 제조되며 용도는 주로 외장용 부재에 적합하다. 현재 WPC는 데크재, 자동차 내장재, 외벽널재 및 창틀재 등으로 많이 사용된다. 특히 WPC는 폐자원의 이용도가 높고 균의 침입에 대한 저항성이 우수하며, 내수성도 좋아 대체 건자재로서의 용도가 많이 개발되고 있다.

그림 4-14. 각종 WPC와 WPC로 만든 데크와 난간지지대

3. 일반 제재목과 인테리어용 목재

1) 제재목-일반 용재

건축 및 일반용도로 사용되는 제재목은 국내에서는 한국 공업규격 KSF 1519 "목재의 제재치수" 규격에 따르며, 치수에 따라 판재와 각재로 각각 구분하는데, 두께가 75mm 미만이고 나비가 두께의 4배 이상 되는 것을 판재라 하고, 두께가 75mm 미만이고 나비가 두께의 4배 미만인 것, 또는 두께와 나비가 75mm 이상인 것을 각재라 한다. 용도에 따라서는 일반용재(yard lumber), 구조용재(structural lumber), 가공용재(factory and shop lumber)로 구분한다.

그림 4-15. 출하대기 중인 제재목과 야외시설용 1차 가공재

2) 마루판(flooring)

마루판은 바닥위에 시공되는 판상의 재료이다. 보통 합판, MDF, PB같은 재료에 강화 수지필름을 접착하거나 천연단판을 오버레이하여 도장처리한 제품을 주로 사용한다. 경우에 따라서 합판 위에 원목 제재판을 구성하여 제조한 경우도 있으며, 원목에서 판재를 만들고 제혀 쪽매 가공을 하여 만든 형태의 것도 있다.

마루판재는 원료에 따라 목재소재를 그대로 마루판으로 가공한 원목마루와 합판, PB, 섬유판 등 목질재료를 코어(core)재로 사용한 목질재료마루로 나눈다. 원목마루는 천연재료라는 점과 고급재료라는 소비자들의 인식으로 인해 최고급 바닥재로 취급되고 있다. 마루판재용 수종으로는 주로 호두나무, 자작나무, 단풍나무, 참나무, 너도밤나무, 물푸레나무 등의 활엽수재가 많이 사용되나 그 수종은 몇몇 수종으로 한정되어 있다. 현재는 합판을 코어재료로 사용한 합판마루(표면은 주로 무늬단판을 접착하고 도장을 한것)와 PB 또는 섬유판 코어에 HPL(고압 멜라민수지판)이나 LPL(저압 멜라민수지판)을 표면판으로 접착시킨 복합구조의 라미네이트 마루(복합재 마루)가 주류를 형성하고 있다. 특히 표면이 강화되어 강화마루라고도 하는 라미네이트 마루는 기능성이 우수하며 유지관리가 쉬운 장점이 있다.

합판마루

강화마루

원목마루

그림 4-16. 각종 마루재의 종류

그림 4-17. 마루판이 시공된 실내공간

3) 벽판 및 천장판(louver board), 계단재

실내의 벽과 천장을 장식하는 판재는 작은 면적으로도 공간구성을 잘 해낼 수 있는 조작재로 사용재료, 가공형상, 색조, 디자인 등에 따라 다양한 제품이 있으며, 사용재료로는 제재판, 집성판, 합판, MDF, 염화비닐 등이 있다. 보통은 제재판으로 된 제품을 많이 사용하며 고급재로는 옹이가 없는 무절판을 사용하기도 한다.

그림 4-18. 인테리어를 위한 목재 벽판과 천장판

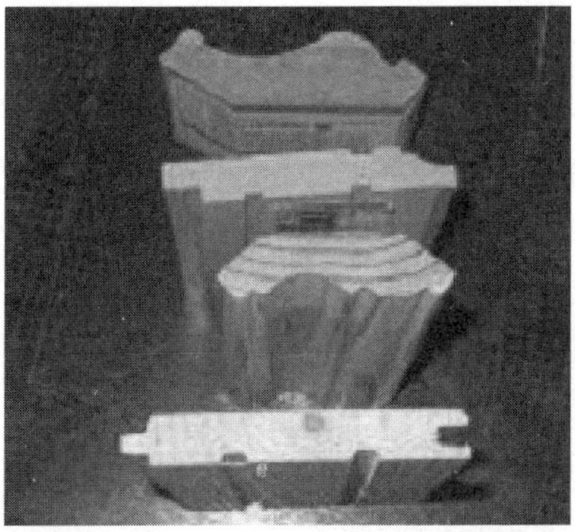

그림 4-19. 다양한 형태를 갖는 내벽용 몰딩재

계단은 중층구조로 된 집에서 상하층의 통행을 위한 것으로 통행자의 안전을 보장하고 원활한 통행이 이루어지도록 하여야 한다. 최근에는 주택의 고급화 추세에 맞추어 기능적인 면과 더불어 디자인과 색조 등 의장적인 측면을 강조한 것이 많아지고 있다.

그림 4-20. 의장적인 측면이 강조되는 계단

〈참 고 문 헌〉

1. Canadian Plywood Association. 1999. Plywood handbook.
2. Forest Product Laboratory. 1999. Wood Handbook. USDA, Forest Service. General Technical Report, FPL-GTR-113.
3. Lam, Frank. 2002. Modern structural wood products. Univ. of British Columbia.
4. Williamson, Thosmas. G. 2002. APA Engineered wood handbook. McGraw-Hill.
5. 류장발 외. 2003. 농업의 세계.-제 6장. 대구대학교 출판부.
6. 오세창. 2003. 목질재료학. 대구대학교 출판부.
7. 오세창 역. 2001. 구조용 공학목재. 선진문화사.
8. 정연집, 윤형운, 엄영근. 2000. 마루바닥재. WIT 컨설팅.
9. 한국표준협회. KS F 1519 목재의 제재 치수.
10. 한국표준협회. KS F 3020 침엽수 구조용재.
11. 한국표준협회. KS F 3201 구조용 집성재.
12. 한국표준협회. KS F 3200 섬유판.
13. 한국표준협회. KS F 3103 파티클보드.
14. 林知行. 1998. エンジニアードウッド. 日刊木材新聞社.
15. 일본목재신문사. 1995. 新しい木質建材. 日刊木材新聞社.
16. 일본목재학회. 1993. 變わる木材 ―スーパーウッドの時代. 海青社.

제 5 장 인간생활과 목재

1. 건축과 목재문화

전통적으로 목재는 사람이 거주하는 목적을 위하여 세우는 구조물에 많이 사용되었으며 그러한 실용적 목적 기능과 더불어 감정의 표현이라는 정신적 기능 때문에 설계, 재료, 장식이 다양화되고 세분화되어 제작기 달라진 모습을 띠게 된다. 최선의 건축이 구조, 기능, 아름다움에 있다고 보면 목조건축은 공간조성 및 구성, 자연과의 순응 및 조화, 그리고 궁극적인 심미감을 만족시키기 위한 미의 표현 등을 통해 볼 때 가장 이상적인 건축조형예술이라고 할 수 있다.

1) 전통 목조건축의 이해

(1) 한국건축과 자연환경

우리나라의 전통건축하면 흔히 한옥을 떠올리며 한옥은 한국의 전통양식에 따라 지은 집으로 양옥에 비교되는 개념으로 사용된다. 또 전통건축은 목조건축이 주류를 이루고 옛 집들 가운데 민가에서부터 사찰, 관청, 궁궐에 이르기까지 보면 거의 대부분이 모두 목조로 되어 있음을 알 수 있다. 우리나라는 국토의 2/3가 산림지대이며 기후도 연평균 강우량 1,500mm 내외, 뚜렷한 4계절이 있는 대륙과 해양성 기후의 중간이어서 나무가 많을 것으로 생각하지만, 동남아시아나 일본에 비하면 양질의 목재를 쉽게 얻을 수 있는 곳은 아니다. 또한 삼국시대부터 조선조에 이르기까지 우리나라의 목재자원은 궁궐과 대신들의 집을 위한 건축재로, 몽고의 침입, 임진왜란 및 병자호란 등으로 이어지는 외부세력의 침입과 그 복구사업에, 일제의 강점기에는 건축재 및 송진채취로 인해 그 피해는 이루 다 말로 표현할 수 없을 정도로 긴 수난의 역사를 가진다.

그런데 우리 선조들은 왜 목조건축을 짓고 살았을까? 그 이유는 의외로 간단하다. 목조건축은 '산 자'의 건축이며 석조건축은 음택(陰宅)이라 하여 죽은 자의 집이라 생각했기 때문이다. 목조건축은 '숨쉬는 건축'으로 환기와 온습도 조절, 원적외선 방출, 우주방사선 차단에 탁월하다. 하지만 전통목조건축은 건설비용과 유지관리 비용이 많이 드는 비싼 집이라는 인식이 강하여 실제적으로 일반적인 주택으로 인식되어 보급하기에는 아직 해결되어야 할 문제점이 많이 있다.

(2) 목조건물의 기본구조

우리나라를 비롯한 동아시아권의 가구형식은 대량식(擡梁式), 정간식(井幹式) 및 천두식(穿斗式)으로 대별할 수 있는데 한국 목조건축의 가구형식은 대량식이 전역에 걸쳐 분포하여 대부분을 차지한다. 대량식 구조는 기둥을 세우고 보를 얹어 골조를 이루는 방식이며 정간식은 일명 귀틀집으로 불리는 것으로서 일부 산간지역의 민가에만 분포한다. 천두식 가구는 기둥을 조밀하게 세우고 머리에 천방(穿枋)과 두방(斗枋)을 끼워 결구하는 방식으로 중국 남방지역과 백제 유구에서 그 흔적을 찾아볼 수 있다.

목조건물에 사용되는 목재는 건축물의 구조 부재인 골조로 사용되며 짜 맞추는 가구식(架構式) 구조로 결구 내력이 우수하다. 전통적으로 소나무, 전나무, 느티나무, 참나무 등을 많이 사용하였는데 소나무, 그 중에서도 성장이 멈춰 재질이 단단하고 빛깔이 고운 태백산 적송과 춘양목을 으뜸으로 여겼다.

그림 5-1. 대량식 목구조

그림 5-2. 정간식 구조-통나무 주택

가장 단순한 형태의 목조건축 시공법은 둥글게 움을 파고 둘레에 기둥을 안쪽으로 기울도록 세워서 기둥 머리들이 서로 모이게 한 선사시대의 원추형 움집으로 서울 암사동 신석기 시대의 집터 유적지에서 그 원형을 찾아볼 수가 있다. 이후 여러 발전단계를 거치면서 중심부에 기둥을 세우고 그 위에 가로재를 T자 모양으로 올리고 거기에 걸쳐서 사방으로 서까래를 뻗게 하는 구조로 발전하고 이어서 지상건물로 되면서 최소 4개의 기둥을 세우고 기둥머리를 서로 가로재로 연결하고 그 위에 팔자형의 맛배 지붕을 올리게 된다. 이 경우 기둥을 연결하는 가로재를 창방(昌枋)이라고 부르는데 기둥이 6개가 있어서 좌우 두 칸이 될 때에는 중간 앞 뒤 기둥을 연결하는 좌우방향의 가로재를 보 또는 들보라고 한다.

한편, 지붕을 올리기 위해서는 좌우양단의 앞 뒤 기둥을 연결하는 좌우방향 창방의 중간점에 대공이라고 불리는 작은 기둥을 세우고 그 기둥을 좌우방향으로 서로 연결하고 또 서까래의 머리를 얹기 위해 긴 나무를 얹는다. 이 서까래 받기 나무를 도리라고 하며 지붕의 꼭대기에 있는 것을 마루도리라고 부른다. 이 마루도리를 올리는 것을 상량이라 하며 목조건물의 축조에서 가장 중요한 행사의 하나로 여겼다.

이러한 목조 건물의 기본구조 아래서는 천장이 낮고 처마가 길어 집이 어두워지게 된다. 그래서 비바람과 햇빛을 적절히 막으면서 건물 안을 밝게 하기 위해서는 기둥 위에 결구물을 얹어 천장을 높이는 동시에 천장의 무게를 분산시키는데, 이 기능을 담당하면서 건물을 장식하는 것이 공포(栱包)이다. 공포는 고구려 고분 벽화에도 공포가 표현되어 있을 만큼 고대부터 만들어 왔다. 공포의 양식에는 기둥 위

그림 5-3. 전통 목구조의 골조

에만 공포가 있는 주심포식, 기둥 위만이 아니라 기둥 사이에도 공포(주간포)를 짠 다포식, 기둥 위에 앞뒤 방향으로 판재를 얹어 보를 받치도록 한 익공식이 있다. 봉정사 극락전, 무량수전, 수덕사 대웅전, 강릉 객사문 등 현재 남아 있는 고려시대 건물은 대개 주심포식이며 다포식은 고려 말 이후에 등장하였다.

주심포(원안쪽)

다포(사각형 안쪽)

그림 5-4. 주심포와 다포집

(3) 전통 목조건축의 결구법

전통건축에서 결구법(結構法)에서는 수평재, 수직재 및 경사재가 서로 연결되는 방법에 따라 이음, 맞춤 그리고 쪽매로 나눈다. 이음은 두개 이상의 부재를 길이방향으로 이어 연결함을 말하며, 맞댄이음, 빗이음, 턱이음, 주먹장이음 등 여러 가지가 사용된다. 맞춤은 두 개이상의 부재를 서로 직교 또는 경사각으로 접합하는 것으로, 통맞춤, 주먹장 통맞춤, 촉맞춤 등 여러 가지가 있다. 쪽매란 두개 이상의 부재(널재, 板材)를 섬유방향으로 평행하게 옆대어 연결하는 것이며 혀쪽매, 연장쪽매 등이 있다. 여기서 중요한 점은 이음, 맞춤, 쪽매가 모두 접합단면에 다양한 형태의 요철을 만들어 부재를 '짜맞추는 방식' 으로 연결, 조립한다는 것이다. 이러한 전통건축의 가구식 구조법은 필요한 경우 해체 및 재조립이 용이하고, 부분적인 보수시에도 해당 부재를 쉽게 교체할 수 있는 장점이 있다.

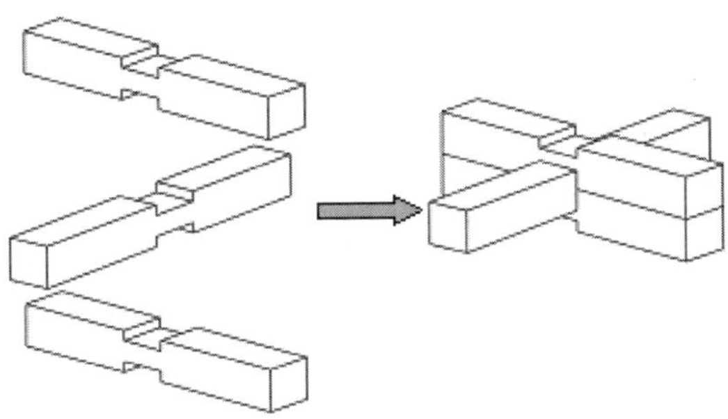

삼분턱맞춤

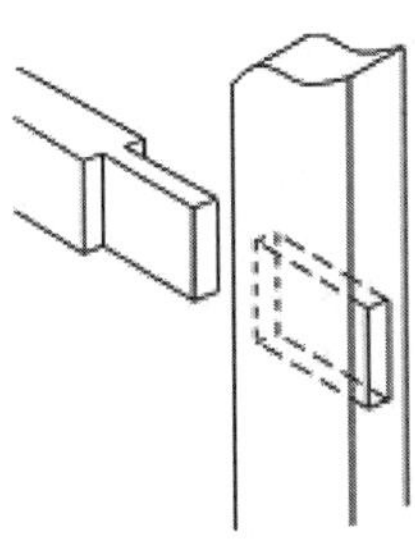

장부맞춤

메뚜기장 맞춤

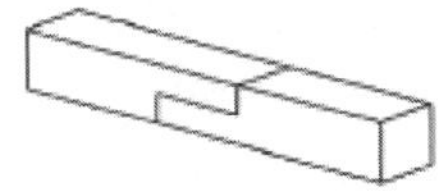

반턱이음

그림 5-5. 전통 목조의 맞춤과 이음의 사례

(4) 전통 목조건물의 특징

우리 나라 목조건축의 특징은 자연 환경에 대한 순응과 적응, 융화이며 이와 같은 자연환경, 자연입지를 가능한 한 그대로 살리고자 하였다. 즉 자연경관을 관련을 고려하여 건물을 경관에 조화시키고자 하였다. 특히 우리나라 건축은 음양오행설의 영향으로 고층건물을 잘 만들지 않았다.

이와 더불어 여러 결점이 있는 목재를 효과적으로 사용하기 위해 많은 노력을 기울였다. 지나친 치목(治木)을 피하고 굽은 나무는 굽은데로 용도에 맞게 사용하여 재질특성에 순응하는 지혜를 발휘하였다. 치목기법에서는 기둥의 배흘림을 내어 시각적으로 건물전체에 안정감을 주도록 하였으며, 이 기법은 기둥의 위가 넓어 보이는 왜곡을 방지하여 목재의 자연적 형태를 고려하도록 하였다.

가구법에서는 네귀에 세워지는 기둥을 다른 기둥보다 좀더 높게 만드는 귀솟음(生起)을 내었다. 이 귀솟음은 창방, 도리 등 수평재의 선이 아래로 처지는 현상을 방지하여 건물을 앞에서 바라볼 때 건물이 수평으로 보이게 하는 효과를 주어 건물전체에 안정감을 주게하는 기법이다. 안쏠림(側脚) 기법은 건물 외주의 기둥을 수직으로 세우지 않고 좀 안쪽으로 기울게 하여 상부하중을 밖으로 분산시켜 건물이 파괴되는 것을 방지하는 역할을 하며 동시에 건물 몸체의 윗부분이 벌어져 보이는 현상을 방지하여 시각적, 구조적 안정성을 확보하도록 하였다. 중국, 일본에서도 이와 유사한 기법이 있었으나 중국은 명대이후, 일본은 무로마치 막부시대 이후로 자취를 감추었다고 한다.

안허리곡(후림)은 처마와 건물의 벽체가 안으로 휘어진 곡면을 이룸으로써 건물몸체의 배부름 현상을 방지하여 지붕선이 평행하게 보이게 하는 기법으로 시각교정을 위함과 동시에 단면계수(斷面係數)가 증가하여 구조적 안정성이 증대한다. 앙곡(조로)은 추녀의 끝부분이 휘어 올라가 처마 중간과 추녀 끝이 처져 보이는 현상을 막아 한국 전통건축의 처마 곡선미를 한껏 뽐낼 수 있는 기법이다.

(a)

(b)

그림 5-6. 전통 목조의 치목 – 굽은 기둥(a)과 보(b)

배흘림

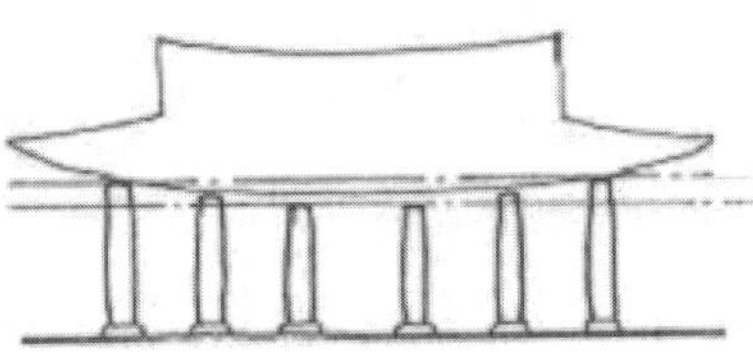

귀솟음

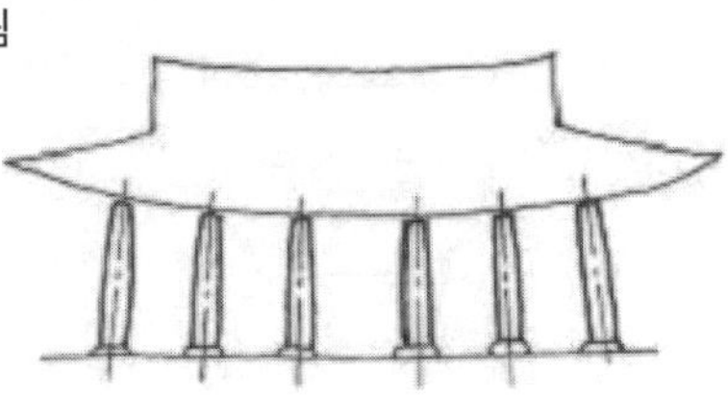

기둥의 안쏠림

그림 5-7. 전통 목조건물의 기법

또한 처마의 부드러운 곡선과 기둥과 기둥간의 간격, 기둥의 높이, 건물의 면적과 지붕의 크기는 우리나라의 전통으로 정착된 황금분할로 인한 비례에 의해 결정되어 전체적으로 안정되고 아름다운 느낌을 준다. 우리 나라의 전통 건축은 외국의 학자가 지적하였듯이 "한국 건축은 주위자연과 더불어 멀리서 바라보아야 그 멋을 아는 건축"라고 평할 정도로 그 아름다움이 자연에 대한 외경과 신뢰와 친밀감을 느끼게 하여 준다.

그림 5-8. 자연과 순응하는 전통 목조건물

(5) 목조주택으로서 한옥의 미학

한옥은 고래로부터의 경험이 축적된 전통기술과 구조를 기본으로 지역 특성에 맞게 다양하게 발전되어 왔다. 한옥의 두드러진 특성 중의 하나는 우선 구들과 마루구조를 들 수 있다. 구들은 겨울을 따뜻하게 보낼 수 있는 난방시설로 구들이 까린 방을 온돌방이라 한다. 이는 날씨가 추운 북방지역의 문화의 산물이라 볼 수 있으며 이 온돌방 구조는 중국에서는 사용되지 않아 문화의 원류가 서로 다름을 잘 알 수 있다. 또 여름을 견딜 수 있게 하는 마루를 깐 대청이 있는데 이는 고온다습한 지역인 남방에서의 고상주거의 형태가 발전한 문화의 흔적으로 볼 수 있다. 북방문화인 구들을 들인 온돌방은 폐쇄적인 문화의 소산이며 마루는 개방적인 남방문화인 연유로 인해 서로 상반된 문화가 한 공간에서 공존한다는 것은 우리 기후에 맞게 그 기능이 완결된 것이라고 볼 수 있다.

그림 5-9. 마루와 온돌을 들인 방

한옥의 주요 특성 중 인체의 기를 고려한 구성부분의 구조는 현대 아파트구조와는 다른 독특한 특성을 가진다. 이에 대해 우리나라의 전통주택 전문가인 신영훈 선생은 다음과 같이 설명하고 있다. "우선 방과 마루의 천장의 높이가 다르다. 좌식생활이 주로 이루어지는 방의 천장을 낮게 하고 입식생활이 위주인 마루는 서서 다니는 사람을 고려하여 높게 되어 있다. 이렇게 하면 각 위치에서 활동시 덜 피곤해진다. 이 이유는 인체가 천장의 높이에 따라 기가 돌고 있기 때문이다. 이는 다시 말해 동선과 생활패턴이 우리 정서에 맞춰져 있기 때문이다. 반면 아파트에서는 이

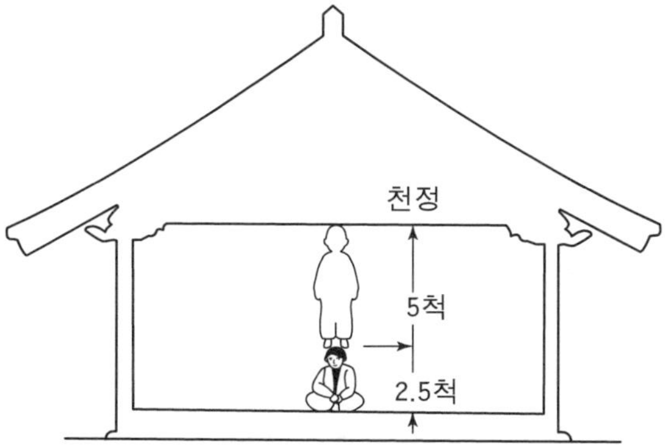

그림 5-10. 인체의 기를 고려한 한옥의 구조

점이 고려되지 않고 시공되어 주거하는 사람이 자주 아프고 상쾌한 느낌이 없이 늘 머리에 묵직한 느낌을 가지는 경우가 많다. 또한 조적식 위주의 서양건축에 비해 한옥에서 창호의 개방성, 즉 열린 평면공간구조가 아주 뛰어나다. 이는 지붕하중을 견디기에 충분한 목재기둥으로 말미암아 벽체를 없애도 건물은 튼튼하게 지지되는 구조를 지녔으며, 창호를 들어올리거나 적절히 배치하여 방과 방 사이를 필요에 따라 좁히거나 늘릴 수가 있는 독특한 구조에 기인한다.

또한 목조건축인 한옥은 처마가 매우 깊게 나와 한옥의 격조를 무척이나 높여주고 삶을 편안하게 해준다. 기둥 밖으로는 서까래 끝이 돌출하여 있는데 그 서까래가 구조된 부분을 '처마' 라 부르며 기둥선에서 얼마나 돌출되었는 가를 두고 '처마 깊이' 를 논한다. 기둥높이를 100으로 기준 삼았을 때 한옥은 80에 가까워 여름에 깊은 처마는 차양이 되어 햇볕을 가려주어 건물 내부엔 그늘이 깊게 들어 매우 시원해진다. 겨울엔 해가 낮게 뜨며 이때는 볕이 방안 깊숙하게 퍼져들어 방안이 따뜻해지며, 따뜻하게 데워져 위로 올라간 공기는 깊은 지붕구조에 걸려 오래 머물게 되면서 따뜻함이 오래가는 매우 과학적인 구조로 되어 있다.

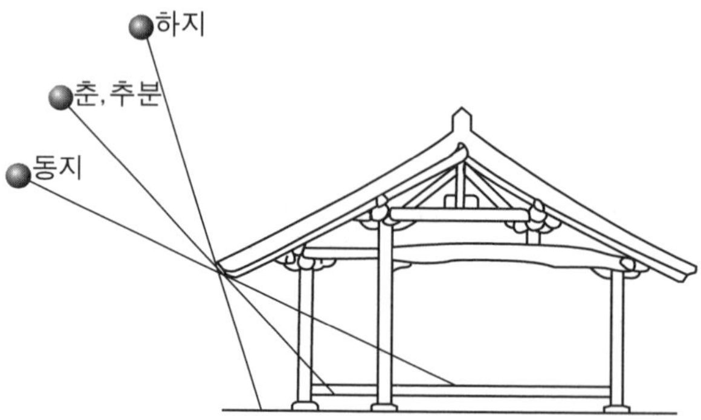

그림 5-11. 계절에 따라 빛이 달리 들어오는 처마구조

결론적으로 우리는 한옥을 우리 강산과 어울려 자연에 스스로 조화되어 있는 아름다운 건축물로 바라보아야 할 것이다." 특히 한옥은 중국의 건축같이 위압적이거나 권위적이지 않고 기교에 치우친 일본건축과는 달리 소박한 우리의 정서를 그대로 표현한 건축이라는 점에서 더욱 돋보이게 된다.

이러한 문화적, 환경생태적 가치에도 불구하고 현대에서 한옥은 아직은 널리 보급되지 못하고 있는데, 가장 큰 이유는 인식에 대한 부족과 더불어 우선 평당 건축비가 다른 건물에 비해 2~3배 정도 높은데 기인한다. 이러한 점을 극복하기 위해 재료와 시공법에 있어서 비용의 절감방안에 대한 연구가 필요하며 더불어 내구성을 향상시키려는 노력이 필요하다.

최근 쾌적한 주거환경, 뛰어난 노동 및 교육환경으로 인해 목조주택은 생태 환경주택으로의 새로이 인식됨에 따라 한옥의 발전가능성이 점쳐지고 있다. 또한 아파트 시공 및 재건축에서 있어서 가장 큰 문제점으로 제기되는 건축 폐기물이 거의 없으며 주요자재인 목재와 흙 등 천연의 재료는 폐기되어도 전혀 자연에는 피해를 주지 않는 환경친화형 생태 건축물로서 새로운 가능성을 한옥에서 찾아야 할 것으로 생각된다.

그림 5-12. 자연경관과 잘 어우러진 한옥-양동마을

2) 현대의 목조건축

1950년대에 단절되었던 목조주택의 역사가 1980년대 말부터 경제발전과 소득증가, 이로 인한 새로운 주거환경에 대한 욕구로부터 목조주택의 역사가 이어졌으며, 이때부터 보급되기 시작한 목조주택은 기존의 한옥과는 다른 개념으로 북미지역으로부터 유래된 통나무 주택과 경골목조주택이 그 시발점이다. 보통 목재 및 목질재료를 구조부재로 사용하여 축조된 건축물을 우리는 목구조물(wood frame construction)이라 부르고 있으며 일반 제재목에서 벗어나 집성재나 단판적층재, 합판, OSB, 구조용 파티클보오드와 같은 공학목재(engineered wood) 개발 및 사용으로 인해 목구조의 발달은 실로 눈부신 바 있으며 일반 주거용 건물에서 대형 목구조물에 이르기 까지 그 영역은 날로 확대되어가고 있다. 현대의 목조건축은 19세기 초에 시작된 산업혁명, 특히 수력에 의한 제재설비의 발달로 원목을 각재로 가공할 수 있는 기술이 발전되어 목재를 보다 싸고 대량으로 공급할 수 있게 되어 대형목구조에서 경골목구조로 분류될 수 있는 방법으로 시공방법이 전환되었으며 이 전환에 가장 큰 몫을 담당한 것은 제재목 치수의 표준 확립과 강철 못을 대량생산할 수 있는 시설의 개발이었다. 못은 목조건축에서 가장 뛰어난 성능을 발휘하는 건축자재들 중의 하나로 대량생산된 못은 널리 사용되어 주거용 건물의 대표적인 공법으로 경량골조방식의 목구조가 발전되어 오늘에 이르고 있다.

현재 우리나라에서는 초기에 도입된 서구식 목조주택 모델에서 탈피하여 우리의 정서와 생활방식에 맞는 한국형 목조주택이 개발되어 시공되고 있으며, 전통 한옥의 특징과 경골구조의 특징을 접목시킨 목조주택이 등장하기 시작하면서 향후 그 발전이 크게 기대되고 있다.

(1) 경골목구조(輕骨木構造, light frame wood construction)

1830년경 시카고의 엔지니어이며 건설업자이자 목재상인 스노우가 기존의 기둥-보방식의 축조법을 대신하여 칸막이 벽체의 소단면 각재의 골조가 구조체에 전달되는 하중을 지지하기에 충분하다는 결론을 얻고 새로운 방식의 축조법을 고안하였다. 이 방식은 작은 단면의 각재를 사용하고 배치 간격을 좁혀서 벽체는 샛기둥을 사용하고 바닥은 장선을, 지붕은 서까래로 구성하는 것으로 이를 발룬구조(balloon framing)라 한다. 여기에 사용되는 구조부재들은 다루기가 쉽고 양산된 못으로 신속하게 조립할 수가 있어 크게 각광을 받았다. 이 방식은 구조체의 샛기둥이 연속되어 있어 화재시 샛기둥간의 빈 공간이 연도역할을 하여 화재에 취약하고, 부재의 길이가 길어 시공시 다루기가 힘들어서 이를 보완한 새로운 방식이 개발되었다. 새 공법은 벽체가 평탄한 바닥구조위에 놓여 지고 연속벽체 혹은 하부의 벽체상부에 벽체구조가 놓이게 되는 구조로 구조부재의 길이가 짧아지고 플랫폼에서 조립되는 벽체는 정확하게 직각으로 제작될 수 있어 층식구조, 플랫폼구조(platform framing)라 부르고 있다. 특히 플랫폼으로 구성된 바닥구조는 상하층의 벽체사이에서 방화막의 역할을 하며, 벽체의 시공기간이 짧아 오늘날 시공되는 목조건물은 대부분 이 방식을 채택하여 시공되고 있다.

그림 5-13. 경골 목조주택의 기본구조

(2) 기둥-보 구조(post-and-beam construction)

목구조방식에서 오래된 역사를 가지는 기둥-보 구조는 대단면 부재를 사용하여 간사이를 늘인 구조로 통상 목재가 노출되어 수려한 목재의 질감을 그대로 느낄 수가 있다. 우리나라에서는 오래된 사찰이나 전통 가옥이 이에 속하며 못을 사용하지 않고 결구법을 사용하여 시공한 것이 특징이다.

그림 5-14. 기둥-보 구조의 골조작업과 내부공간(산림과학원 테스트 하우스)

(3) 중목구조(重木構造, heavy timber construction)

현대의 대형목구조 방식의 주요 시공법으로 이는 기둥-보방식의 축조원리와 비슷하나 구조부재가 큰 각재(timber)로 구분되는 규격을 지닌 목재들로 구성된다는 점이 큰 차이가 있다. 이 구조에 적용되는 부재의 규격은 화재시 요구되는 구조물의 안전성능을 유지시키는 규정에 의한다. 이 중목구조는 구조재와 동시에 수장재로서 목재를 사용하고자 할 때 많이 사용되며 레스토랑, 호텔, 체육관, 상가 등과 같은 대형 건축물에 적용된다. 현재는 대단면의 목재 대신에 집성재를 사용한 중목구조가 일반적이다.

그림 5-15. 중목구조-목재로 구성된 대형 체육관 건물

(4) 조립식 판넬구조(factory built panelized system)

구조부재를 유니트(unit)화하여 바닥, 벽체, 지붕같은 건축의 구성부위를 공장에서 생산하여 현장에서 곧바로 조립되는 공법으로 단독주택의 경우 대략 하루만에 조립할 수 있어 한 시공회사의 경우 공사비는 30%, 공사기간은 50% 정도 절감된다고 한다. 이 구조기법은 농촌의 주택개량 사업에 적용될 경우 상당한 효과를 거둘 것으로 보인다.

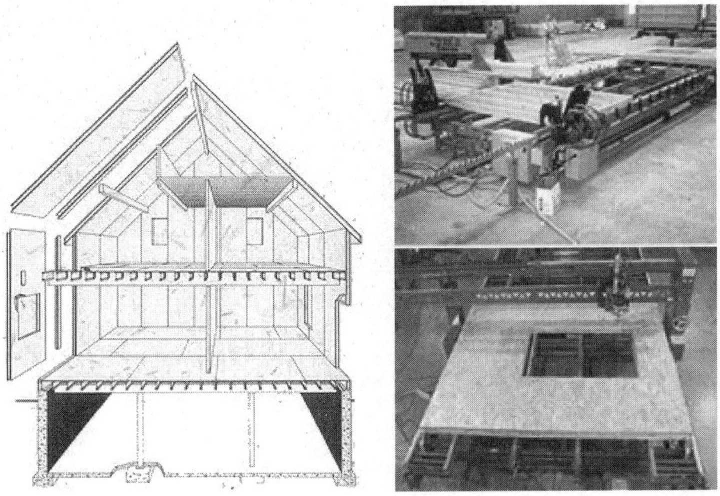

그림 5-16. 공장에서 바로 제작되는 주택-조립 판넬식 구조

2. 가구와 목재문화

인간이 생활을 해나가기 위해서는 의식주와 관련된 여러 가지 생활도구가 필요하다. 따라서 고대로부터 현대에 이르기까지 생활을 영위하는 데 필요한 도구로서, 생활공간, 생활양식, 생활규범의 테두리를 형성한다. 가구는 "실내에 배치하여 의식주에 유용하게 쓰이는 기구"라는 사전적인 의미와 실내에 놓여지는 모든 도구류를 지칭하고 있다. 영어의 furniture는 실내에 구비되는 것이라는 의미가 있으며, 이탈리아의 mobilia, 프랑스의 meuble 등은 움직일 수 있는 물건을 말한다. 우리나라의 경우에는 가구는 이 두가지 개념, 즉 실내에 구비되어 있는 것과 이동할 수 있는 도구라는 의미를 모두 포함시킨 의미로 사용된다. 주생활요소로서 가구는 끊임없이 변화하는 생활의 제반 요구에 대응하여야 하며 특히 우리나라의 경우에는 1980년대 이후의 급격한 경제성장과 서구형 주생활양식의 도입에 따라 가구에 대한 요구도 크게 변화되어 왔다. 특히 목재는 가구의 소재로서 가장 우수한 재료로 정평이 나있으며, 환경친화적인 자연소재로 사람과의 친밀도가 다른 재료보다 더 높아

가구의 주요 구조재로서, 표면재로서 광범위하게 이용되고 있다.

그림 5-17. 주거생활과 가구

1) 전통가구의 이해

(1) 전통가구의 특성

우리나라의 전통가구는 오랜 세월 한국의 자연환경과 생활환경의 테두리 안에서 형성된 것이었기에 우리정서에 완전히 순화된 한국적 아름다움을 지니고 있다. 우리 전통가구는 좌식생활을 위주로 하는 집의 구조에 맞게 높지도 않고 크지도 않으며 앉아서 사용에도 불편하지 않은 아담한 크기로 제작되었다. 가구제작에 사용된 나무는 주변에서 나는 나무를 위주로 하여 재질이 치밀하고 무늬가 아름다운 나무를 선호하였다.

이음새, 짜임의 결구방식은 나무의 수축과 팽창으로 인한 손상에 대비하여 못이나 접착제를 사용하지 않고 짜 맞추는 형식을 채택하여 튼튼하게 하여 제작하였다. 목재의 연결도 과학적이며 정교한 결구법으로 견고하고도 보기에 좋게 마무리하였으며, 특히 보이지 않는 부분까지 세세한 손길이 미쳤다. 외형은 목재 자체의 미를 살리면서 지나친 장식을 멀리하여 직선과 장방형의 균형으로 구성미가 간결하고 대범한 것이 특징이며 각과 면의 접합이 부드럽고 편안하며 아름답게 보인다.

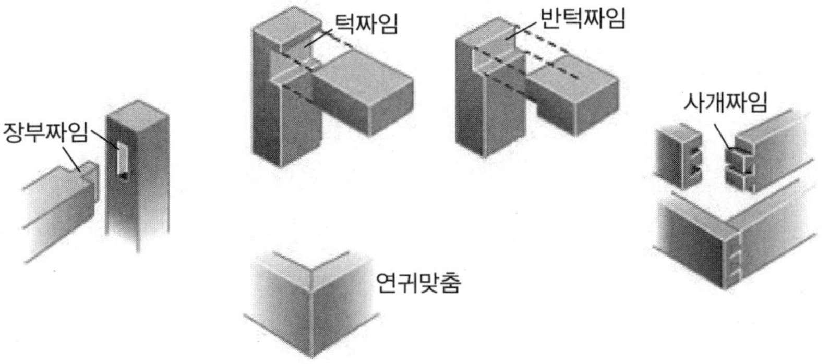

그림 5-18. 전통가구의 짜임

또한 우리 가구문화의 특징은 장롱이나 문갑, 경대, 함 등과 같은 수납식 가구가 발달하였는데 우리나라는 4계절이 뚜렷하고 그에 따라 계절이 지난 이불이나 옷들을 따로 보관할 수 있는 수납공간이 필요하였기 때문이다.

옛 가구의 종류는 사용장소와 실내환경 및 용도에 따라 여러 가지로 변모되는데 생활공간에 따라 남자주인이 기거하는 사랑방에는 서안, 문갑류, 사방탁자, 서가, 의걸이장, 책장, 문방가구류 등이 있으며, 여자주인이 거처하는 안방가구로는 장, 농, 경대, 반닫이, 함, 궤 등이 있다. 부엌에서 쓰이는 주방가구로는 찬장, 찬탁, 뒤주, 소반 등과 종이로 만든 함지류 등이 있다.

그림 5-19. 균형미와 절제미가 돋보이는 전통가구

(2) 전통가구에 쓰인 목재

전통가구에 사용된 목재는 보통 그 지방에서 나는 재목으로 하였으며 목재에 대한 특성을 잘 파악하여 골재와 판재, 화장재 등으로 구분하여 다르게 쓰는 것이 일반적인 특징의 하나이다. 뼈대를 이루는 골재용 나무로는 소나무, 배나무, 호두나무, 가래나무, 참죽나무 등 단단한 재료가 쓰였고 판재로는 오동나무, 분비나무, 은행나무, 가시나무, 피나무, 멀구슬나무, 엄나무, 후박나무 등 가볍고 가공이 쉬운 것을 사용하였다. 또한 희귀한 무늬를 갖는 나무를 얇게 켜서 화장재로 사용하였는데 먹감나무, 느티나무, 용나무, 괴목근 등을 이용하여 장롱의 앞 부분을 치장하기도 하였다. 나무를 그 특성에 따라 골라서 쓰며 같은 재목으로 하나의 가구를 제작한 경우는 거의 없어서 한국의 전통가구는 같은 가구가 하나도 없다는데 대해 외국인들은 놀라움을 금치 못하고 있다.

그림 5-20. 수납을 위한 전통 가구

(3) 전통가구의 미학

우리 가구의 아름다움에 대하여는 독특한 면분할로 구성되어 있어서 쾌적성의 아름다움을 우선적으로 손꼽는다. 간결하고 명확한 선과 면의 비례는 오늘날에도 과장이 없는 쾌적한 비례로서 높이 평가받고 있다. 이와 같은 아름다움을 갖는 전통가구는 유교의 신봉에 따른 생활속에서의 검소함과 질박함이 그 시대 목공예장의 손을 통하여 표현되어 나온 결과이다. 전통가구의 비례미에 대해 한국의 중요가구인 장롱, 반닫이, 책장, 문갑, 사방탁자 등의 면구성비에 대한 여러 연구논문들에서 다음과 같은 특징이 전통가구의 미학임을 잘 나타내어 주고 있다.

'현존하는 조선시대 후기 목공가구의 실측결과로는 그 칫수에 있어 일률적인 규격제품이 하나도 없다. 바꿔 말하면 동일 치수의 물건이 하나도 발견되지 않는 것은 그 만큼 독자적인 예술표현이 뚜렷하였기 때문이라 할 수 있으며, 또 많은 수 가운데 황금비와 자승근비 내지 정방형의 비가 두드러지게 보인 것은 그 시대 목공장들의 우수한 조형감각에 연유한 것이라고 생각한다' (배만실, 1975).

그림 5-21. 간결한 비례의 미가 돋보이는 전통가구-사방탁자

이와 같이 우리의 생활철학에서 나오는 전통가구의 미는 좁은 공간을 활용하기 위해 낮고 간결한 데서 오는 적정한 비례미와 구조미에서 찾을 수 있으며, 사용시 편리하고 매우 실용적인 면 등이 돋보이는 특징을 갖는 전통가구는 조선시대 말기서부터 쇠퇴하기 시작하여 그 자취를 찾기가 힘들어 졌다. 하지만 1980년대 이후 급격한 경제성장으로 전통문화에 대한 인식이 전환되면서 전통가구의 아름다움과 우수함이 현대에 들어서 새로이 조명을 받고 있으며 이에 대한 계승과 발전방안이 다양하게 논의되고 있다.

그림 5-22. 전통가구를 들인 옛 선인들의 멋

2) 현대가구

보통 가구는 신체를 지지하고 휴식하는 가구인 인체계 가구와 작업공간을 제공하는 작업계 가구인 준인체계 가구, 주로 보관기능을 갖는 수납가구인 건물계 가구(건축계 가구)로 분류된다. 또한 일반적인 가구인 가동 가구와 건물에 고정시킨 붙박이 가구, 크기 및 구성을 자유로이 할 수 있는 조립식 가구(DIY(do-it-yourself)가구)가 있다. 디자인별로는 세계적으로 5대 양식으로 크게 구분되는데 이탈리안 스타일(italian style), 프랜치 스타일(french style), 대니쉬 스타일(danish style), 스패니쉬 스타일(spanish style), 차이니스 스타일(chinese style)로 구분된다.

20세기에 접어들면서 현대가구의 사조는 산업화로 파괴되어가는 지구환경에 다시 눈을 돌리면서 위기감을 느끼고 있는 바탕위에서 나온 자연주의(naturalism)와 극히 최소한의 조형요소에 의한 형태와 구조 그리고 색채를 추구하며, 절제된 미의식을 표현하는 가구디자인 양식인 minimalism, 상이한 개성을 가진 일련의 예술가와 디자이너들에 의해 소량생산을 전제로 하는 art design계열의 세 가지 양식의 바탕위에서 새로운 가구들이 속속 등장하고 있다.

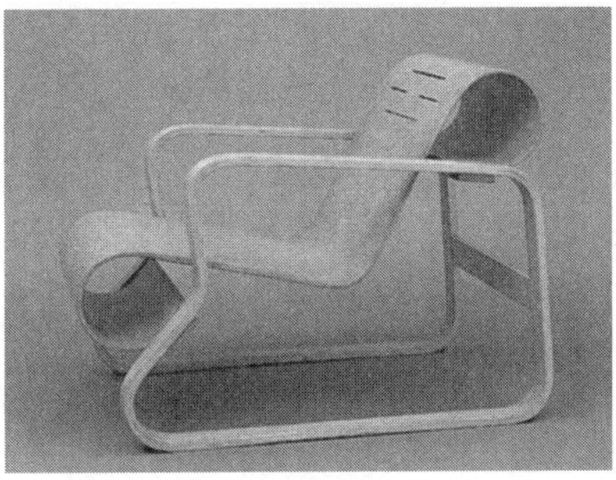

그림 5-23. 독특한 디자인의 현대가구

(1) 현대가구의 새로운 조류 – 시스템 퍼니쳐(system furniture)

현대에서 시스템 가구라는 것이 등장하면서 양산가구의 새로운 장을 열었다. 시스템이라는 용어는 '공통된 계획이나 목적을 위하여 다양한 요소로 구성된 하나의 복잡한 통일체' 로 정의되며 일반적으로 '목적과 그 목적을 수행하기위한 전체' 와 '전체를 구성하고 있는 부분' 이 강조된다. 이런 관점에서 현대의 모든 가구는 서로 조화를 이루는 하나의 셋트라는 개념이 강하게 대두되고 있다. 이 가구시스템에서는 모듈을 이용한 설계기법이 도입되었으며 거의 모든 수납용 가구에 그 효율성을 부여해주고 있다. 수납용시스템에 있어서는 구조체와 용도에 따른 유니트들의 조립으로 상상할 수 있는 거의 모든 복합제품이 완성된다.

그림 5-24. 업무효율을 높여주는 시스템가구 – 사무용가구와 주방용가구

오늘날 대부분의 사무용 가구와 부엌 가구는 시스템컨셉트에 바탕을 두고 있으며 점점 더 정교하게 세련되어 가고 있다. 업무효율을 높여주고, 사용자의 편리성

이 돋보이는 인체공학적인 설계등 기존의 가구의 개념과는 차별화된 새로운 개념의 가구로 볼 수 있다. 궁극적으로 시스템 가구란 몇 개의 규격화된 단일 가구들을 사용자 및 사용 환경에 맞게 원하는 형태로 구성하고, 분해가 용이하도록 처리하여 효율적이고 자유스런 배치와 가변성 있는 가구구성을 말하는 것이며, 최근 홈/오피스 오토메이션의 추세에 발맞추어 발전을 거듭하고 있다.

3. 목재로 된 우리 문화재

목재는 예로부터 가장 쉽게 구할 수 있고 이용할 수 있는 주거생활에 필요한 도구로 널리 사용되었다. 이 중 문화재로 불릴 만한 것 중에서 상당수는 목재로 된 것이다. 따라서 목재로 된 문화재로부터 당시의 생활상을 유추해 보거나 교류의 흔적을 찾아 내기도 한다. 자주 출토되는 목간이나 관재의 예가 바로 그것이다. 이처럼 목재로 된 우리 문화재는 문화유물 그 이상의 의미를 우리에게 일깨워 주고 있으며 한편으로는 고고학, 지질학, 기상학 등 관련 연구의 매개자로서의 역할을 하여 많은 정보를 남겨 주고 있다.

1) 사라진 목재 문화유산의 백미－황룡사 9층목탑

경주에 있는 황룡사는 신라의 대표적인 절이며, 황룡사 9층 목탑은 우리 나라 최초의 목탑양식으로 황룡사의 중심 불탑으로서 사방 7칸, 높이 225자(80m)의 웅대한 규모로 세워졌다고 한다. 선덕여왕 14년(645)에 처음 건축을 시작하여 그해 4월 8일에 찰주를 세우고 이듬해에 완공했다고 전한다. 완성된 지 50여 년이 지난 32대 효소왕 7년(698년) 벼락에 맞아 불탄 이래 여러 차례 고쳐 중수되었으나 1238년(고종 25) 몽골침입 때 완전히 불타 없어졌다. 현재 탑 자리에는 발굴결과 외두리기둥 초석 28개, 안두리기둥 초석 36개와 함께 가운데 큰 기둥을 받치던 큰 심초석이 남아 있다. 심초석에서 발견된 금동사리함의 3면에 탑지(塔誌)가 안팎으로 새겨져 있는데, 당나라 유학에서 돌아온 신라 승려 자장이 건립을 요청하여 백제의 장인 아비지(阿非知)의 기술지도로 완성되었다고 한다. 탑을 9층으로 한 것은 이웃 9나라의 침입을 막기 위함이며 당시 장륙존상(丈六尊像), 진평왕성대(眞平王聖帶)와 함께 신라 3보(三寶)로 일컬어졌다.

백제와 고구려의 침공으로 국가의 존망을 위협받으면서도, 더구나 적국인 백제의 명장을 초청하여 이런 엄청난 규모의 탑을 지었다는 것은 보통 상식으로는 도저히 이해할 수 없는 일이다. 부처의 힘으로 전쟁에서 승리하여 국가의 안위를 지킬 수 있다는 절박한 일념이 전 국민의 단합을 이끌어내어 탑의 완성으로 이어진 것은 후대의 좋은 귀감이 되고 있다.

그림 5-25. 복원된 황룡사 9층탑

2) 가장 오래된 목조건물-봉정사 극락전

국보 제 15호인 이 건물은 고려시대의 건물이지만 통일신라시대의 건축양식을 내포하고 있는 것으로 알려져 있다. 정면 3칸, 측면 4칸의 주심포 맞배지붕 구조로 1972년 보수공사 당시 상량문에 고려 공민왕 2년(1363년)에 2차에 걸친 수리가 있었다는 기록이 있음이 밝혀짐에 따라 부석사의 무량수전보다 100여년 정도 앞선 것으로 판명되었다. 특히 주두의 양식에서 곡면을 가미한 무량수전의 기법과는 달리 직선적인 간결한 형식으로 인해 더 오래된 양식으로서 삼국시대의 기법을 계승한 것으로 보인다. 1635년(인조 3년)에 중수하였으며 원래는 대장전이라 불렀으나 후에 극락전으로 개칭한 것으로 보인다. 부드러운 배흘림을 가진 기둥머리에 창방을, 기둥 위에는 1출목의 공포를 올렸다. 기둥의 배흘림, 공포의 간결하면서도 단아한 짜임새, 가구의 높은 품격은 우리 전통 건축의 아름다움을 대표하는 데 손색이 없다. 따라서 이 건물은 우리나라 목조건물 가운데 신라에서 고려초로 전해지는 목조건축의 시원을 알수 있는 유일한 건물로 평가 받고 있다. 다만 현대에 들어 보수작업에서 도입수종을 사용한 적이 있어 문화재 보호측면에서 아쉬움을 주었으나 최근의 작업에서 다시 국산재를 사용함으로써 진정한 의미의 원형이 회복되었다고 할 수 있다.

그림 5-26. 가장 오래된 목조건물-봉정사 극락전과 기둥위의 포구조

3) 세계 최초의 목판본-무구정광대다라니경

다라니경은 8세기 중엽에 간행된 세계 최초의 목판인쇄본으로, 너비 약 8cm, 전체길이 약 620cm이며 1행 8~9자의 다라니경문을 두루마리 형식으로 적어놓은 것이다. 1966년 10월 경주 불국사 석가탑을 보수하기 위해 해체할 당시 탑 안에 있던 다른 유물들과 함께 발견되었다. 불경이 봉안된 석가탑이 751년 김대성에 의해 불국사가 중창될 때 세워졌으므로 이 불경은 그 무렵 간행된 것으로 인정된다. 또한 본문 가운데 중국 당나라 측천무후 집권 당시만 썼던 글자들이 발견되어, 간행연대를 추정할 수 있게 해준다. 이 인쇄물이 발견되기 전까지 세계에서 가장 오래된 인쇄물은 770년경에 간행된 일본의 '백만탑다라니'로 알려져 왔다. 그러나 이것은 전문을 다 새긴 것이 아니라 '무구정광대다라니경' 중에서 발췌하여 새긴 것으로, 판

각술에 있어서도 '무구정광대다라니경'이 훨씬 정교하며 글자체가 예스럽고 힘이 있다. 따라서 목판인쇄술의 성격과 특징을 완전하게 갖추고 있는 '무구정광대다라니경'이야말로 세계에서 가장 오래된 목판본이며 우리의 소중한 문화유산이라 할 수 있다.

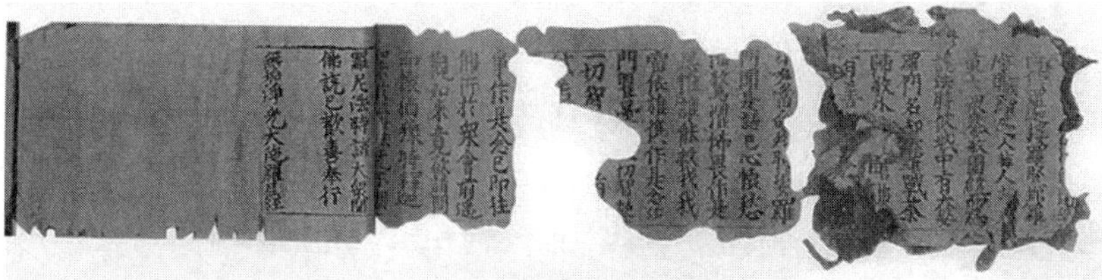

그림 5-27. 무구정광대다라니경(無垢淨光大陀羅尼經)

매우 질이 좋은 닥종이에 목판으로 인쇄된 이 경전은 삼국시대 때 이미 닥을 종이의 원료로 해서 1,200년이 넘게 보존 가능한 현대의 기술로도 만들기 어려운 품질의 종이를 그 당시에 제조하였다는 것을 보여주는 있는 것이어서 당시 우리의 제지 기술의 우수성과 인쇄 문화의 높은 수준을 보여 주고 있다.

4) 세계유산으로 등록된 목재 문화재

(1) 팔만대장경

해인사 대장경판은 고려시대에 판각되었기 때문에 일반적으로 고려대장경이라 하며, 또한 판수가 8만여 판에 이르고 8만4천 법문을 수록했다 하여 팔만대장경이라고도 한다. 해인사 장경판전에는 81,258장의 대장경판이 보관되어 있으며, 글자 수는 무려 5천 2백만자로 추정되는데 이들 글자 하나 하나가 오자나 탈자가 없이 모두 고르고 정밀하다는 점에서 그 보존가치가 매우 크며, 현존 대장경 중에서도 가장 오랜 역사와 내용의 완벽함으로 인해 세계적인 명성을 지니고 있는 목재 문화재이다. 대장경판은 고려 고종 때 대장도감에서 새긴 목판이다. 고려 현종 때 새긴 초조대장경은 몽고의 침입에 불타버려 다시 새겼다하여 재조대장경이라고도 한다. 이 대장경판은 초조대장경이 불타버리자 고려 고종 19년(1232)에 몽고의 침입을 불력으로 막기 위하여 강화도로 수도를 옮기고 국가적인 차원에서 대장도감을 설치하여 대장경판을 다시 조각하기 시작하였다.

대장경판은 당초 경상남도 남해에서 판각하여 강화도 대장경판당으로 옮기고 보관하였으나 고려말 왜구의 빈번한 침범으로 조선 태조 때인 1398년 현재의 해인사 장경판전에 옮겨 보관 중이다. 대장경판은 고종 24년(1237)부터 35년(1248)까지 12년 동안 판각하였는데 준비기간을 합치면 모두 16년이란 기간이 걸려 완성되었다. 팔만대장경은 세계불교연구의 귀중한 문헌으로, 이 대장경은 일본이 신수대장경을 만들 때 표준으로 삼았으며, 중국에도 역수입되고, 영국 · 미국 · 프랑스 · 독일 등 서구 선진국에도 전해져 세계불교 연구에 매우 커다란 영향을 끼치고 있다.

보통 대장경판의 길이는 68cm, 78cm 두 종류가 있으며 이를 제작하기 위하여 벌채한 통나무 길이는 약 90cm로 추정되며 직경 40cm의 경우 통나무 1 토막에서 경판 2장 정도 채취가 가능하다고 보면 사용 통나무 갯수는 10,000～15,000본에 이른다. 경판에 사용된 수종은 산벚나무, 돌배나무, 자작나무, 층층나무, 후박나무, 버드나무, 굴거리나무, 소나무, 잣나무 등으로 다양하다. 대장경판이 오늘날까지 큰 피해 없이 전해져 오는 이유는 보관 건물이 과학적으로 축조되었고 원재료인 목재를 건조를 잘 시켰으며 목판의 휨을 근본적으로 방지하는 기법을 적용하였기 때문이다. 또한 경판을 공기의 흐름에 순응하여 쌓아두고 철저한 사후관리가 지속된 데에 있다.

그림 5-28. 팔만대장경판

가. 해인사 장경판전

해인사 장경판전은 13세기에 만들어진 세계적 문화 유산인 고려 대장경판 8만여 장을 보존하는 보고로서 해인사의 현존 건물 중 가장 오래된 건물이다. 장경판전은 정면 15칸이나 되는 큰 규모의 두 건물을 남북으로 나란히 배치하였다. 장경판전 남쪽의 건물을 수다라장, 북쪽의 건물을 법보전이라 하며 동쪽과 서쪽에 작은 규모의 동 · 서사간판전이 있다. 건물을 간결한 방식으로 처리하여 판전으로서 필요로 하는 기능만을 충족시켰을 뿐 장식적 의장을 하지 않았으며, 전 · 후면 창호의 위치와 크기가 서로 다르다. 통풍, 방습, 적절한 실내온도, 판가의 진열 장치 등이 매우 과학적이고, 합리적으로 되어 있는 점은 대장경판이 지금까지 온전하게 보존되어 있는 중요한 이유 중의 하나라고 평가받고 있다.

장경판전의 정확한 창건연대는 알려져 있지 않으나 조선 세조 3년(1457) 어명으로 판전 40여 칸을 중창하였다는 기록이 있다. 장경판전은 가야산 중턱의 해인사에 위치한 관계로 건립된 후 한번도 화재나 전란 등의 피해를 입지 않았으며, 보존 가치가 탁월한 팔만대장경이 고스란히 간직되어 있는 것은 매우 다행스러운 일이다. 장경판전은 세계유일의 대장경판 보관용 건물이며, 해인사의 건축기법은 조선 초기의 전통적인 목조건축 양식을 보이는데 건물 자체의 아름다움은 물론, 건물내 적당한 환기와 온도와 습도조절 등의 기능을 자연적으로 해결할 수 있도록 설계되었다.

그림 5-29. 해인사 장경판전(법보전)과 내부

5) 문화교류의 흔적이 깃든 주요 목재 문화재

(1) 천마도

1970년대 초에 발굴된 경주 천마총(155호분)에서 나온 천마도는 장니(障泥)로서 이는 말안장에 늘어뜨려 흙이 튀는 것을 방지하는 마구의 일종이다. 옛사람들은 그림을 그릴 때에는 바단, 천 또는 가죽을 사용하였지만 천마도는 나무껍질을 사용한

점이 매우 특이하다.

그림 5-30. 천마도

조사결과 천마도는 자작나무 수피위에 그린 것으로 판명되었으며, 이 자작나무 수피는 백화수피라 하여 색상이 하얗고 매끄러우며 물이 잘 스며들지 않고 잘 썩지 않아 예로부터 다양하게 쓰였다고 한다. 특히 자작나무는 우리 민족의 기원이라 일컬어지는 러시아의 바이칼호근처, 아무르강 유역 등의 북방지역에서 잘 자라는 나무로 그 지역에서 매우 신성시되는 나무로 무당들이 제를 올릴 때에도 이 나무가 등장한다. 이를 통해 신라 문화의 북방기원설이 제기되기도 한다.

(2) 광주 신창동 출토 수레바퀴유물

1997년 발굴된 광주 신창동 초기 철기시대 유적에서 2000년 전 목제 수레바퀴 등 마차로 추정되는 수레 부속품이 출토되었다. 인류문명 사상 바퀴 제작은 제작에 필요한 금속 공구와 세밀한 설계 등 상당한 기술적 진보가 뒷받침돼야 가능한 것으로, 남한에서 서기 전후 무렵의 수레바퀴가 발굴된 것은 처음이다. 역사학계는 서기 3세기에 쓴 중국 역사서인 삼국지 위서 동이전(三國志 魏書 東夷傳)의 "마한(지금의 경기도와 충청도, 전라도 일대) 사람들은 소나 말을 탈 줄 모른다."(不知乘牛馬)는 기록에 의거, 마한에서는 가축이 끄는 수레를 사용하지 않았다고 생각해 왔다. 하지만 출토된 유물을 통해 이 같은 통설이 틀렸음을 증명하는 결정적인 증거로 고고학적으로 매우 중요한 자료라고 평가되고 있다.

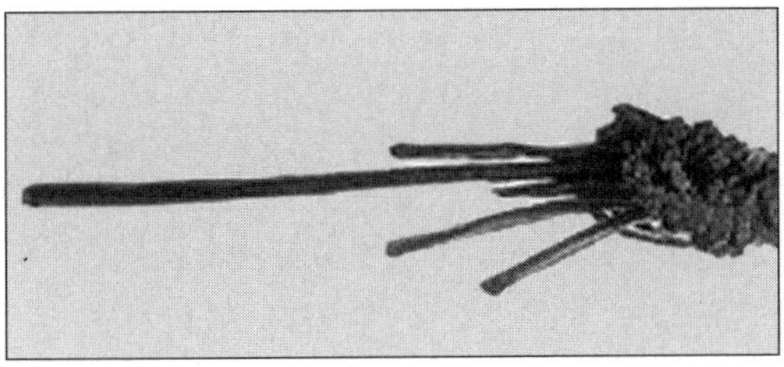

그림 5-31. 출토된 수레바퀴 유물

(3) 기록문화 - 목간(木簡)

선사시대부터 인류는 기록문화를 가져 바위에 새긴 암각화를 시초로 동물의 가죽이나 뼈, 비단, 점토판, 파피루스에 이르기까지 다양한 기록매체가 존재하였다. 이런 와중에 간편하고 취급이 쉬운 매체로 대나무와 나무가 등장하였다. 대나무를 잘라 좁고 긴 판으로 만들어 판위에 기록하고 가죽끈으로 묶은 것을 죽간이라 하며 책(冊)의 한자어는 그 형상을 표현한 것이다. 이어 대나무를 구하기 힘든 곳에서는 주변의 목재를 사용하여 죽간처럼 만든 목간이 등장하였으며 종이가 발명되기 전까지는 기록매체의 주요 수단으로 자리잡았은 바, 발굴되는 목간으로부터 그 당시의 사회상 등 여러 다양한 정보를 얻을 수 있어 고고학적으로 매우 중요한 유물로

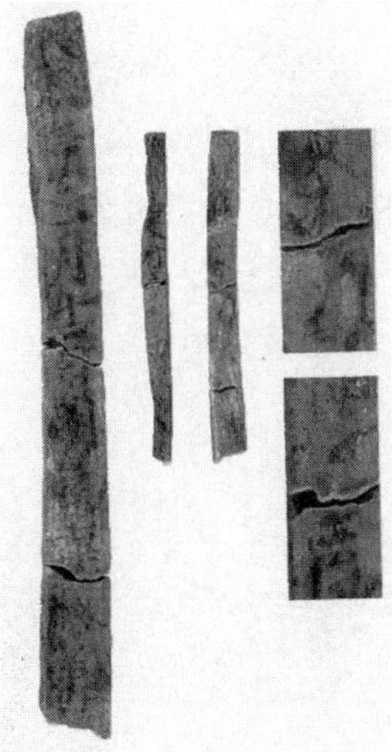

그림 5-32. 출토된 목간 유물 - 이성산성

취급된다. 우리나라의 목간은 경주 안압지, 경남 함안의 성산산성, 경기도 하남의 이성산성, 충남 부여의 능산리, 부여 궁남지 유적지 등에서는 출토되었으며, 각 유구로부터 많은 역사적인 사실이 증명되기도 하였다. 특히 이성산성 유적지에서는 고구려 장구, 자, 목간, 염주알 등이 출토되었는데, 고구려 악기인 요고는 장구의 원형으로 알려져 있는 것으로 한국음악사 연구에 있어서도 중요한 유물이며, 자는 일본학계가 그동안 '고구려자는 없다' 라는 주장을 뒤엎을 수 있는 유물이다. 일부 유적에서는 국내산 수종이 아닌 것이 발견되어 그 당시 외국과의 문물교류를 짐작케 하기도 한다.

(4) 무령왕릉 출토 목재 문화재

무령왕릉에서 출토된 목재로는 목침류와 관재 등이 있다. 목침은 머리를 올려놓아 움직이지 않도록 하기 위하여 밑이 약간 좁고 위가 조금 넓은 두꺼운 목판 상부를 가운데서 반원으로 팠는데 안쪽으로 경사가 져서 목부분이 편안하도록 하였다. 표면전체에 붉은 칠을 하고 각 면 가장자리에는 금박으로 선을 돌리고 내부에도 금박으로 구갑문(龜甲文)을 돌렸다. 두침 상면에는 목제봉황을 부착시키기 위한 작은 구멍이 양쪽에 나 있고 상단 양면에는 갑을(甲乙)의 두 묵서(墨書)가 확인되었다.

관재는 처음에 소나무로 만들어 진줄 알고 있다가 수종식별 결과 일본에만 분포하는 금송으로 만들어진 것으로 판명되어 일본에서 관재를 가져온 것이 밝혀졌다. 금송은 일본열도의 남부지방에서만 자라는 것으로 최상품의 고급 관재인 점으로 미루어 보아 당시 왜와 백제간의 교류를 밝혀줄 수 있는 중요한 역사적 자료로 평가받고 있다. 특히 삼국사기의 기록에서 무령왕의 출생과 도일 등과 연관된 의문점이 목재 관재를 통하여 새로이 해석되고 있다.

그림 5-33. 무령왕릉에서 출토된 관재와 목침

6) 전통 생활속의 목재－민속 문화재

(1) 장 승

우리가 흔히 '장승'이라 부르고 있는 조형물은 나무로 만든 기둥 모양의 몸통 위쪽에 신이나 장군의 얼굴을 새기고, 몸통에는 역할을 나타내는 글을 써서 길가에 세우는 신상으로써 위협적인 수호 신장이거나 진압신 또는 노신등의 기능을 가진 민속 신앙의 대상인 것이다. 장승의 재료로는 주로 소나무를 사용하지만 밤나무도 일부 사용되었다. 실제로 승주 선암사 입구의 밤나무로 된 장승은 80년이 넘도록 서 있는 것을 볼 수 있다. 썩는 것을 막기 위해 표면을 일부 태우거나 황토를 바르는 경우도 있으며 돌무더기에 꽂아 배수를 원할히 하여 보존 수명을 연장하는 지혜를 발휘하였다. 머리에 관을 쓰고 있는 천하대장군과 지하대장군으로, 나란히 서 있거나 길을 마주하고 서 있기도 하다. 마을에 따라서는 방위를 표시하는 남방적제축귀대장군이나 북방흑제축귀대장군이라고 복판에 묵서를 하며, 또는 얼굴 부분을 붉은색으로 칠을 해서 사귀를 좇아 내는 방액장승의 역할을 하여 보는 이로 하여금 공포심을 유발시키기도 한다.

그림 5-34. 마을의 수호신인 장승

(2) 솟 대

솟대란 나무나 돌로 만든 새를 장대나 돌기둥 위에 앉힌 마을의 신앙 대상물을 일컫는다. 솟대는 마을 사람들이 음력 정월 대보름에 동제를 모실 때에, 마을의 안녕과 수호 그리고 풍농을 위하여 마을 입구에 세운다. 솟대는 마을 입구에 홀로 세워지기도 하지만 대부분은 장승, 선돌, 탑(돌무더기), 신목 등과 함께 세워져 마을의 하당신 또는 상당신이나 주신으로 모셔진다.

솟대 위의 새는 대개 오리라고 불리우며 일부 지방에서는 까마귀라고도 부른다. 그밖에 기러기, 갈매기, 따오기, 까치 등을 나타낸다고 생각되기도 한다. 솟대는 마을의 안녕과 풍요를 기원하는 의미로 세워지기도 하지만 소도(蘇塗)라는 성역의 상징물이기도 하다. 마을 입구에 우뚝 서 마을로 들어오는 모든 액이나 살, 잡귀를 막아주고 마을에 사는 이들은 마을의 안녕과 수호, 그리고 풍요를 기원한다. 솟대 신앙의 역사는 아주 오래 거슬러 올라가 삼국지 위지 동이전 마한전에 보면 삼한 시대에는 각 부락마다 천신에게 제를 지내는 소도가 있었는데, 그 소도에 큰 나무를 세우고 방울과 북을 매달아 놓았다는 기록이 있다.

그림 5-35. 마을의 안녕과 풍요를 기원하는 솟대

(3) 하회탈

하회탈은 하회마을에서 전해져 온다하여 붙여진 이름이다. 하회탈은 우리나라의 많은 탈 가운데 유일하게 국보(국보 제121호)로 지정된 귀중한 우리의 문화적 유산이며 가면미술 분야에서는 세계적인 걸작으로 평가받고 있다. 하회탈은 능숙한 민속조각의 작품으로 한국인의 태평스러운 성정이 잘 반영된 것이라 볼 수 있다. 하회탈은 사실적 조형과 해학적 조형을 합하여 각 신분적 특성을 표현하였으며, 그 특성에 합당한 관상까지도 지니고 있다. 또한 얼굴은 좌우를 비대칭적으로 만들어 고정된 표정을 피하고, 모두가 각 성격의 특성에 알맞은 표정을 짖도록 만들어졌다. 그래서 탈의 기능도 매우 뛰어나다. 특히 양반, 선비, 중, 백정탈은 턱을 분리시켜 인체의 턱 구조와 같은 기능을 갖게 하여, 말을 할 때 실제의 모습처럼 실감나게 느낄 수 있도록 만든 것은 다른 탈에서는 볼 수 없는 특징이다.

하회탈은 모두가 오리나무로 만들어 졌으며 제작시기는 대략 고려 중엽쯤으로 추정되고 있다. 힘들게 살아야 했던 봉건체재에서 밑바닥 인생들의 이지러진 웃음과 눈물이 얼룩진 모습들을 하회탈의 눈웃음을 통해 다시 바라본다.

그림 5-36. 하회탈-양반탈과 중탈

(4) 농기구

우리나라는 오랜 농업국가로서 조상전래의 값진 농업 문화유산을 많이 가지고 있다. 농기구는 농사일에 사용되는 도구나 기구를 총칭하는 것으로, 주로 인력용과 축력용으로 사용되었으며 손발의 연장으로 이용되는 것이 많다. 각기 다른 자연환경에 맞게 농경이 시작되어 농업의 형태, 작물의 종류, 경지 및 지방의 특색 등에 따라 농기구를 비롯한 농경기술은 다양하게 발달하였으며, 조선시대 말까지는 인력 중심의 재래 농기구를 많이 사용했으나 농업의 근대화가 추진되면서 농기구도 기계화되어 재래식 농기구는 점차 모습을 감추고 현대식 농업기계로 바뀌고 있다. 그러나 이 귀중한 문화유산이 도시화, 현대화의 급진전으로 자연 도태되고, 또한 소중히 보존되지 못하고 있는 실정이어서 안타까움을 더해주고 있다.

그림 5-37. 보존될 필요가 있는 전통 목제 농기구

4. 전통 문화속에 사용된 목재

예로부터 우리 선조들은 목재를 하나의 생명체로 여기고 함부로 다루지 아니하였으며 목재를 가공할 때에도 그 인식과 기술에 있어 남다른 면을 많이 보였다. 상고시대부터 사용된 목재는 출토 유물을 통하여 유추해 볼 수 있는데, 현재 출토되는 목재 중 구석기 유적에서는 참나무, 느티나무, 단풍나무, 오리나무, 소나무, 굴피나무, 느릅나무 등이 많이 보이며, 이 중 참나무는 비중이 높고 강도가 강하여 주로 힘을 받는 건축부재로 사용되었을 가능성이 높다. 특히 그 시대의 집은 움집의 형태였을 것이므로 기둥재로 많이 사용되었을 것이다. 삼국시대 유적에서도 참나무, 밤나무, 가래나무, 오리나무, 버드나무, 느릅나무, 뽕나무, 비자나무, 소나무 등 다양한 수종이 출토되고 있어서 그 당시 목재로 사용된 나무의 종류를 잘 알 수 있다. 특히 전통적으로 많이 사용된 수종 중 느티나무가 많이 등장하는데, 부석사 무량수전의 기둥에 사용된 것처럼 건축 구조재로서, 또 서안, 장, 궤 등 전통가구의 내장재로 많이 사용되었다. 이는 느티나무가 강도가 강하면서도 내구성이 뛰어나고 무늬도 곱고 아름답기 때문이다. 밤나무와 참나무 등도 많이 사용되었으며 백제시대의 유적에서는 우리나라에서 자라지 않는 금송, 삼나무와 같은 목재도 출토되어 당시의 국제관계를 목재의 사용과 결부지어 추정하기도 한다.

고려시대까지는 목재사용의 주류는 활엽수였으며 이는 당시 우리나라의 산림이

"소나무 한 그루가 고급車 한대 값"

300년 강릉 부연동 춘양목 재질 최상급 2300만원 상당

'소남 한 그루가 고급 자동차 한대 값.'

동부지방산림관리청은 산간오지인 강원 강릉시 연곡면 삼산 3리 속칭 부연동에서 국내 최고 품질의 목재로 평가받을 수 있는 소나무 한 그루(사진)를 발견했다고 5일 밝혔다.

이 소나무는 문화재 복원용 등으로 쓰이는 일명 춘양목(春陽木)으로 수령이 330년이나 되고 높이 20m, 지름 116cm, 둘레가 366cm에 이른다.

재질이 단단하고 낙엽송처럼 곧게 수직으로 성장해 국내에서 가장 좋은 목재로 인정받는 춘양목은 1950~70년대 중반까지 경북 봉화군 춘양지역에서 주로 발견된데서 이름이 유래됐다. 일명 금강송으로 불리기도 하며 6·25전쟁 이후 남벌로 희귀해졌다.

지난해 경북 울진군 서면 일대에서 춘양목 한 그루가 발견돼 문화재 복원용으로 사용되기 위해 1300만원에 매매된 경우가 있다.

이번에 강릉에서 발견된 춘양목은 이보다

훨씬 커 그 값이 2300여 만원에 이를 것으로 추산되고 있다. 동부지방산림관리청 관계자는 "이 소나무는 한국이 자랑하는 최상의 목재라고 해도 과언이 아니다"고 말했다.

강릉 = 경인수 기자
sunghyun@donga.com

그림 5-38. 우리 소나무 관련기사

이런 종류의 용재를 공급하는 데 무리가 없을 만큼 울창하였다고 볼 수 있다. 하지만 고려시대를 거쳐 조선시대로 들어오면서 여러 차례의 전란을 겪으면서 복구에 많은 용재가 필요하고, 또 인구가 늘어남에 따라 주거용재로 목재의 수요가 급증하면서 산림이 파괴되어 활엽수재로부터 점차 소나무재로 목재 사용의 변화가 생기기 시작하여 조선시대 이후로는 소나무가 대표적인 목재로 자리를 잡았다. 이 소나무를 보호하기 위하여 봉산을 지정하고 송금법을 시행하는등 보호정책에 많은 노력을 기울였으나 지나친 궁궐의 증개축과 임진, 병자의 두 차례의 병란, 일제 강점기 때의 무분별한 벌채로 많은 피해를 입었다. 이 때문에 현재 우리가 보는 굽은 소나무는 원래 우리 소나무의 원형이 아니며, 우리 소나무의 원형은 울진 소광리 지역에서 잘 볼 수 있다. 한편 춘양에서 각지의 소나무재를 집하하여 전국으로 운송한 연고로 울진, 태백, 봉화지역에선 나온 질이 좋은 소나무인 금강송을 춘양목이라 하여 이 이름이 국산 소나무를 대표하는 별명이 되었다.

〈참 고 문 헌〉

1. Preuss, Rolf(한글역). 경량목조주택해설. 미국 임산물협회 한국사무소.
2. 권태호. 1998. 한국에서의 목구조와 생태건축 문제와 전망. 한국목재공학회 '98 학술논문발표집: 24-33
3. 김동현. 1995. 한국 목조건축의 기법. 발언.
4. 김삼대자. 2000. 전통 목가구. 대원사.
5. 김원룡. 1993. 한국고미술의 이해. 서울대학교 출판부.
6. 김정기. 1993. 한국목조건축. 일지사.
7. 동방디자인 편집부. 1993. 인테리어 설계를 위한 가구디자인. 도서출판 동방디자인.
8. 박상진. 2004. 역사가 새겨진 나무 이야기. 김영사.
9. 박상진. 1999. 다시보는 팔만대장경판 이야기. 운송신문사.
10. 배만실. 1993. 한국 목가구의 전통양식. 이화여자대학교 출판부.
11. 배병선. 목조건축의 형식과 기법. 한국건축강좌.
12. 새로운 한옥을 위한 건축인 모임. 2007. 한옥에 살어리랏다. 돌베개.
    신응수. 2002. 천년 궁궐을 짓는다. 김영사.
13. 신영훈. 1999. 생활의 지혜에서 우러난 맛과 멋-한옥의 미학. 향토와 문화 14. 대구은행 사

외보 : 22-27.
14. 신영훈. 1999. 우리가 정말 알아야 할 우리 한옥. 현암사.
15. 장기인. 1991. 목조. 보성문화사.
16. 주남철. 1994. 한국주택건축. 일지사.
17. 주택문화사. 2003. 한옥의 재발견. 주택문화사.
18. 최송철. 1996. 알기쉬운 가구이야기. 춘광.

제 6 장 지구환경보존과 목재이용

오늘날 지구환경은 스스로의 회복력을 넘는 속도로 황폐, 열악화 되고 있다. “재생가능(renewable)한 자원 · 에너지를 바탕으로 지속가능(sustainable)한 사회의 건설”이 인류공생의 목표로 깊이 인식되는 시대를 맞이하였다. 환경 문제는 가까이 느끼는 문제이면서 동시에 지구규모로 영향을 미치는 과제로 과연 이 지구는 50억 인구의 식량, 에너지, 주택 등 생활에 필요한 것들을 공급해 갈 수 있을 것인가? 장차 지구와 인류를 구해줄 수 있는 것은 지구의 환경에 적응하여, 지구의 환경을 형성하여 온 산림밖에 없다고 볼 수 있다. 산림은 연료, 건축용 자재, 종이 · 펄프 등 산업용 목재 자원을 생산하는 동시에 수권, 토권, 대기권과 관계를 가지고 지구생태계 속에서 물질순환에 중요한 역할을 하고 있다. 세계인구 100억 시대를 잘 넘기기 위해서는 산림과 목재의 이용을 잘 조화시켜 공존해 갈 방도를 생각하지 않으면 안될 것이다.

산을 지키기 위해 ‘한 그루라도 나무를 베면 안 된다’, 이것은 얼핏 올바른 것처럼 들리지만 사실은 잘못된 생각이다. 우선 산림에는 인공림과 자연림의 2종류가 있으며 인공림은 심고 키워서 베고 가공, 출하한 다음 다시 심는 주기(cycle)를 반복한다. 식물에게 있어서도 동물과 마찬가지로 생장기가 있다. 예를 들면 삼나무같은 침엽수는 20년 정도는 급속하게 생장하다 성숙기에 다다르면 생장은 완만해 진다. 일조가 적은 유럽에서는 이것이 40년 정도이다. 생장이 완만한 시점에서 나무를 베어내고 어린 나무를 심는다면 급속한 생장으로 인해 더 많은 이산화탄소를 흡수할 수 있게 되어 환경에 좋은 영향을 줄 수 있다. 다시 말해서 이 재배 주기를 잘만 지키면 환경에 나쁜 영향을 주지 않고 목재를 생산하여 가공, 이용할 수 있는 것이다.

1. 지구온난화와 산림, 목재

환경문제에는 여러 가지 요인들이 있으나 그 중에서 가장 심각한 문제 중의 하나가 지구온난화 문제라고 할 수 있다. 지구온난화는 태양광으로 인한 복사에너지가 대기 중의 수증기, 이산화탄소가 이 열을 흡수하여 지구대기를 따뜻하게 하여 생물이 살수 있게 되는데 기온이 이상 상승하면 생태계에 큰 영향을 미친다. 지구온난화를 일으키는 물질에는 이산화탄소(CO_2) 외에 메탄(CH_4), 아산화질소(N_2O), 염화불화탄소(프레온, CCl_2F), 수증기 등이 있는데 이중 이산화탄소에 의한 영향이 반 이상을 차지한다. 이산화탄소는 주로 화석연료의 사용으로 인한 것으로 현대사회의 도시화, 산업화와 밀접한 관련이 있다. 미국 항공우주국의 보고에 의하면 지난 100년 동안 탄산가스 농도가 30%나 증가하면서 전 지구의 평균 기온이 0.6°C 올랐다고 밝혔는데, 이는 지구생태계가 적응하기 어려울 정도로 매우 빠른 변화이다.

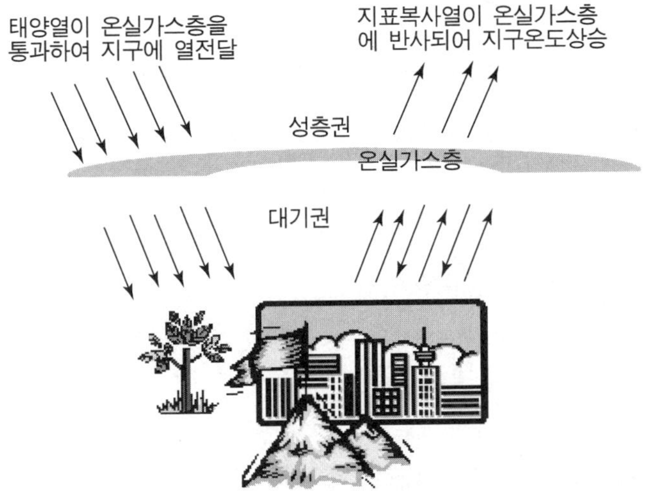

그림 6-1. 온실효과와 지구온난화

지구의 기온이 상승하면 바닷물이 따뜻해져 팽창하고 남극 및 북극의 빙하와 고산지대의 만년설이 녹아 해수면이 높아지게 된다. 또한 육상 및 해양 생태계가 파괴되고, 농작물의 수확량이 감소하는 등 지구 전역에 광범위한 피해가 예상된다. 얼음이 녹을수록 지구 표면이 태양 에너지를 많이 흡수하여 지구온난화가 촉진되는 악순환이 계속되고 있다. 2100년까지는 평균기온은 1.4～5.8°C, 해수면은 9～88cm가 상승될 것으로 예측되고 있으며 21세기에는 해수면 상승 속도가 한층 빨라져 대부분의 유럽 해안 도시들이 향후 20～30년안에 일부 또는 전부 물속에 가라앉게 될 것이라는 암울한 미래가 예측되고 있다. 우리나라의 해수면도 지난 10년간 4cm 상승하였고 100년 후에는 1m가 상승될 것이라는 연구결과가 발표되었다.

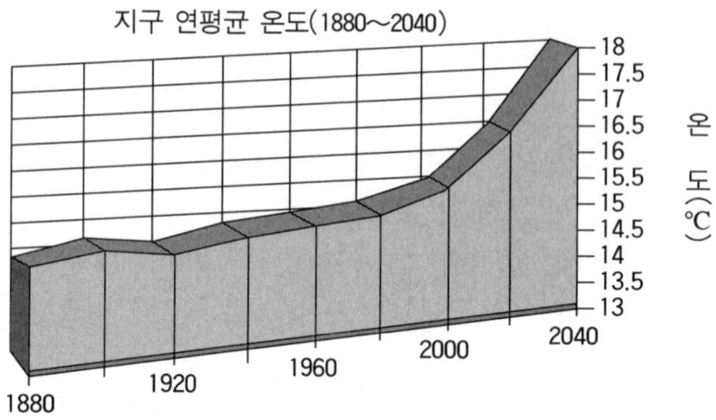

그림 6-2. 지구 연평균 온도의 변화추이

지구온난화에 가장 큰 영향을 미치는 이산화탄소는 매년 0.5%, 무게로 환산하면 약 35억톤의 탄소가 증가하고 있다. 이산화탄소 증가의 주요인은 1990년대 화석연료의 소모로 연간 63억톤, 산림소실로 연간 16억톤의 배출된 탄소이며, 특히 산림의 파괴는 산림 생태계의 양분순환(탄소순환, 질소순환 등)이나 물순환을 지나치게 교란하여 지역 토양의 열화, 토사의 유출, 수해를 초래하는 것과 동시에 지구 규모의 환경문제(온난화, 종의 절멸 등)를 일으킨다는 점에 있어서 세계적으로 비판의 표적이 되고 있다.

미국 정부특별조사 보고서에는 매년 1700만ha 정도의 열대림이 지구상에서 없어져 10년간 한반도 면적에 해당하는 열대림이 사라져 버렸다. 열대림은 그 면적이 서유럽의 면적과 맞먹는 것으로 지구상에 사는 동식물의 30%가 서식하고 있는 생태계의 보고이다. 이런 열대림이 사라지면서 지구가 필요로 하는 산소의 20%를 공급하는 지구의 허파인 아마존강 유역의 소실로 인해 2010년에 이르면 전 세계의 이산화탄소 가스 발생량이 현재보다 약 50% 증가 될 것으로 예상되며 따라서 대기권의 온실효과는 갈수록 더욱 심각해질 전망이다. 특히 탄소방출이 대기 중의 이산화탄소 농도증대를 가속화시키는 위험이 있다고 지적되었다.

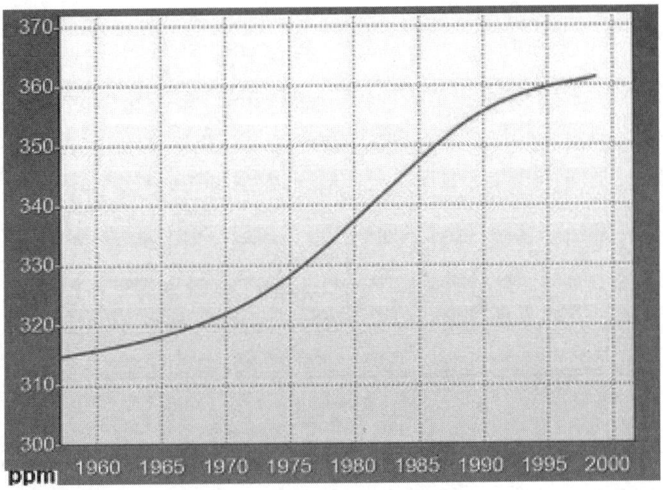

그림 6-3. 이산화탄소 농도의 증가 추세(Mauna Roa, Hawai)

그림 6-4. 아마존 숲의 파괴-화전으로 인한 열대림의 소실

공기 중의 이산화탄소를 제거할 수 있는 기능은 지구상에서 녹색식물만이 유일하게 가지고 있다. 녹색식물은 공기 중에서 흡수한 이산화탄소와 땅속에서 흡수한 수분을 이용한 탄소동화작용을 통하여 식물의 생장에 필요한 양분을 합성하고 그

부산물로 산소를 방출한다. 이러한 녹색식물의 탄소고정 및 산소방출에 의한 공기 정화작용으로 인하여 환경보호가 곧 자연보전이라는 개념이 자리잡게 되었다. 이러한 자연보전의 개념은 다시 산림보호로 변환되어 목재 이용산업에 대하여 여러 가지 비난과 규제가 이루어지고 있는 것이 오늘날의 현실이다. 곧 환경파괴의 전범이 바로 목재산업이라는 인식이 강하게 대두된 것이다. 그러나 자연보호가 곧 산림보호를 의미하는 것인지, 그리고 목재의 이용이 바로 환경의 파괴를 의미하는 것인지, 다시 한번 생각해 보아야 할 문제이다. 나무를 얼마나 효율적으로 사용하느냐에 따라서 인류의 미래가 결정된다고 하여도 과언이 아닐 것이다.

1) 목재의 탄소고정능

목재는 생장하는 과정에서 탄소동화작용을 통하여 공기 중의 이산화탄소를 흡수하여 목재내에 고정시킨다. 나무의 주요 구성성분으로 탄소, 수소 및 산소를 들 수 있으며 이 성분들 중에서 탄소성분이 목질부의 약 50%를 차지하고 있다. 나무 내의 탄소성분은 공기 중의 이러한 이산화탄소를 흡수 · 고정하여 생성된다. 탄수화물 1kg을 생산하기 위해서는 이산화탄소 약 1.6kg을 흡수하여야 하며 그 결과로 약 1.2kg의 산소가 발생된다. 이러한 나무의 탄소고정능력은 나무의 일생을 통하여 일정한 것은 아니며 나무의 생장활동의 왕성한 정도에 따라서 변하게 된다. 나무의 생장활동이 활발한 시기에는 생장에 필요한 에너지와 양분을 광합성을 통하여 공급받으며 그 결과로 공기중의 이산화탄소를 다량 흡수하게 된다. 반대로 생장이 둔화되는 시기에는 이산화탄소 흡수능력도 함께 저하된다. 수종마다 차이는 있으나 대개 초기에는 생장이 왕성하고 어느 정도 수령이 증가함에 따라 생장이 둔화된다. 나무는 생장이 점차 둔화되다가 오랜 시간이 지나면 생장이 정지되고 결국은 고사하게 된다. 생장이 둔화 또는 정지되는 수종과 지역에 따라서 차이가 있으나, 이는 바로 이산화탄소 흡수능력의 저하 또는 상실을 의미한다.

한 나무의 부피가 $1m^3$이며 비중이 0.5라면 이 나무의 전건무게는 500kg이 된다. 이 중 약 절반정도가 탄소이므로 250kg의 탄소가 한 나무에 고정되게 된다. 더 나아가 산림에 존재하는 식물이 전체의 90%로 보면 1조 6,500억톤의 전건무게에 약 7,350억톤의 탄소가 저장되는 것으로 계산된다.

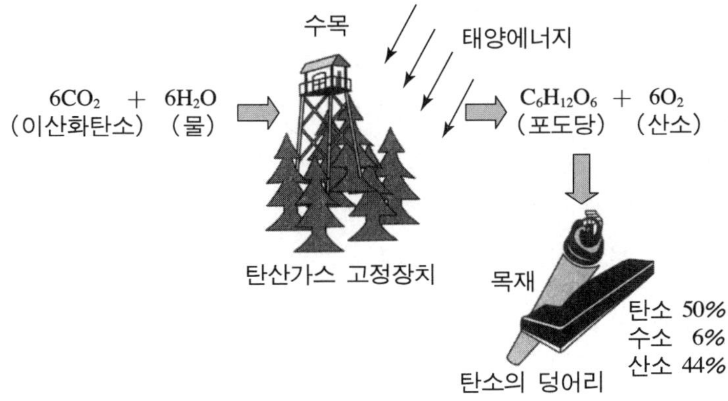

그림 6-5. 목재의 탄소고정능

2) 목재의 이용과 탄소 방출

급속한 인구증가는 생활에 필요한 원자재의 수요증가를 초래하였다. 세계식량농업기구(FAO)의 통계에 따르면 세계의 벌채량은 지난 40년동안 매년 2.3%씩 증가되어 왔다. 1989년에 세계의 원목벌채량은 35억m^3이었으며 2010년에는 51억m^3로 증가될 전망이다. 이러한 원목벌채의 50% 이상이 용재생산의 목적보다는 식량증산 또는 개간 및 개발의 목적으로 이루어지고 있으며 그 대부분이 열대림지역에서 발생하고 있다. 전 세계적으로 용재에 대한 수요는 1990년에 약 18억m^3로서 2005년에는 약 20억m^3가 될 것으로 예상된다. 현재의 삼림축적에 대한 나무의 자연적인 연간 생장량은 약 32억m^3로 추산되므로 상기의 용재에 대한 수요는 나무의 자연 생장량에도 못 미치는 양이다. 그러므로 이론적으로는 세계의 임목축적이 매년 조금씩 증가되어야 하며 실제로 산림관리가 제대로 이루어지고 있는 북미 및 유럽 국가들에서는 임목축적이 매년 조금씩 증가되고 있다.

문제는 열대지역에 많은 개발도상국에서의 산림면적의 감소와 현재 벌채되고 있는 목재의 절반 정도가 연료용으로 사용되고 있다는 사실이다. 특히 세계의 목재수확량 중에서 52%에 해당하는 약 $1.9 \times 10^9 m^3$라는 막대한 양이 연료용으로 사용되고 있다는 점이다. 그리고 이런 산림감소의 급속적인 경향이 도심지역에 집중하고 있는 것은 주목해야 할 것이다. 연료용재의 비율이 높은 나라를 열거하면 인도

90%, 필리핀 85%, 인도네시아 80%, 브라질 70% 정도이다. 환경의 측면에서 볼 때 목재의 용도 중에서 가장 나쁜 것이 연소시키는 것이다. 목재가 공기 중에서 연소되면 목재내에 저장되어 있던 탄소성분이 공기 중에서 연소되면서 탄소성분이 공기중의 산소와 결합하여 이산화탄소 가스가 발생된다. 즉 생장과정에서 흡수하였던 이산화탄소를 다시 공기 중에 방출하게 된다. 현재 열대림에서 벌채되고 있는 목재 중의 상당부분이 연료로 사용됨으로써 해당지역의 이산화탄소 발생량을 20% 정도 증가시키는 요인이 되고 있다.

그림 6-6. 연료재로 쓰이는 열대재-이산화탄소 방출 증대촉진

3) 지속가능한 목재

목재는 석유 등과는 다른 생물자원이며 목재의 이용은 벌채에서 출발한다. 이를 보면 벌채는 곧 산림파괴이며 생태계파괴로 이어진다고 보는 것은 어쩔수 없는 일일 수도 있다. 수목은 생장하면서 탄소고정능이 증가되나, 생장이 둔화되면서 점차 감소되어 결국에는 정지하게 된다. 이때 벌채를 시행하고 새로운 나무를 식재한다면 탄소고정량은 어떻게 변할까?

벌채와 새로운 식재로 인해 시간경과에 따른 탄소축적량을 그림 6-7에 나타내었다. 이 그림은 1ha에 심은 나무에 근거를 둔 것인데 수목은 식재 후 50년쯤에서 벌채되고, 벌채된 원목은 제재목으로 가공되어 주택건설에 쓰인다. 이 과정에서 자원의 일부는 폐기물로 불태워진다. 주택은 30년동안 사용되고 폐기되며 폐기되는 부재의 40%는 파티클보오드로 전환되어 재활용된다. 사용기간동안 모든 폐기물은 불태워지며 수목에 잔류하는 탄소는 이산화탄소 기체로 대기중에 방출된다. 한편 제 2세대의 수목은 제 1세대의 수목이 벌채된 직후 식재되며 이 순환계는 무한히 계속된다. 이 과정에서 원목에서 나온 건축재료는 지속가능하며 벌채와 목재의 사용은 탄소를 고도로 집적시켜 탄소축적량을 늘려 주고, 대기중의 이산화탄소의 농도를 증가시키지 않음을 알 수 있다. 이것이야말로 바로 지구환경보전의 목적에 합치하는 것이다. 목재는 바로 가장 앞선 최첨단의 미래재료인 것이다.

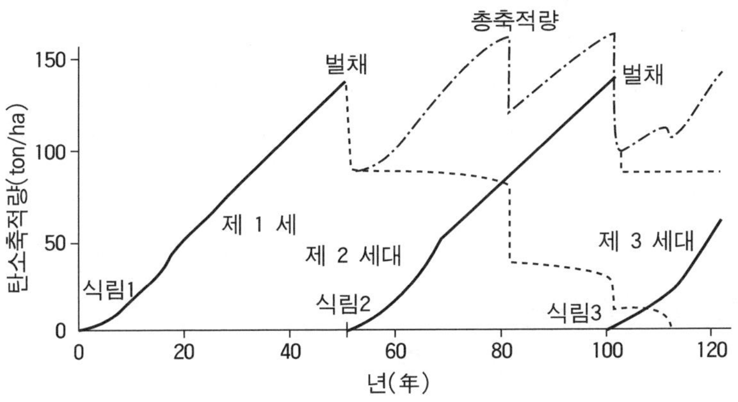

그림 6-7. 목재의 생산과 이용에 따른 탄소축적량의 변화

목재가 다른자원과 다른 점은 생명활동을 하는 새로운 자원으로서 '재생지속' 하는 가능성이 있다. 목재의 공급원인 산림에 있는 수목은 대기 중에 있는 이산화탄소를 흡수하여 생장한다. 수목은 벌채되어 원목으로 변환되어 각종 제재품이나 소재로 된다. 이들은 건축물이나 가구, 상자 등의 용도로 사용되다가 내구연수가 다하면 해체되어 칩화되어 재이용되거나 연료로 소각되어 대기로 되돌아 가게된다. 대기로 되돌아간 이산화탄소는 또다란 수목의 생장원이 된다. 이때 목재의 이용으로부터 분해/소각에 이르기까지의 시간이 길면 길수록 수목이 생장하는 데 필요한 시간을 부여하게 되며 분해/소각량이 수목의 생장량보다 작게되면 대기중의 이산화탄소 농도는 감소한다. 이와 같이 목재의 사용은 순환하면서 끝없이 반복되는 것이다. 벌채는 갱신이 동반되는 산업상의 철칙이 지켜진다면 노령산림을 벌채해 이

산화탄소 흡수능력이 큰 삼림에 갱신하는 일이 이산화탄소문제에 대해 플러스요인이라는 것이 성립되며 이론적으로 산림은 소실되지 않는다.

보통 리사이클(recycle)이라는 말은 철이나 알루미늄을 한번 사용한 후 사용된 폐자재를 용해, 가공하여 재사용하는 것으로 다시 말해서 reuse, 재자원화 등을 지칭하는 말이다. 따라서 이러한 개념에 의한 리사이클 자원으로서 목재는 건축 해체재 및 버려진 상자용재 등의 형태로 된 한 번 사용된 목재를 재사용하는 것을 가리킨다. 하지만 목재의 경우 제재품과 합판을 제조할 때 발생하는 쭉더기, 단재 등을 칩화시키거나 연료로 사용하는 것 등이 모두 폐재의 유효이용이며, 목재공업에서 지극히 중요한 의미가 있다. 이들의 원료는 한 번 사용된 목재를 재사용하는 것과는 달리 새로운 원료이다. 그렇지만 수목의 본래의 형태와 비교하여 형상이 작아지고 성질의 변화가 있으며 이들에게서 원료의 형태를 주목해 볼 필요가 있다. 건축해체재 및 폐잔재로부터 재이용하는 것은 금속 및 알루미늄을 회수하여 녹여서 같은 재

그림 6-8. 목재의 리사이클-새로운 목재 자원(한국합판보드협회)

질의 자재로 만드는 리사이클 과정과는 다르다. 이렇게 볼 때 목재를 재생자원(renewable resources)이라는 용어를 사용하는 것은 목재자원이라는 관점에서 볼 때 재생이 아니라 신생의 자원인 것이다.

2. 환경보존에 유리한 목재의 이용

1) 제조에너지와 탄산가스의 방출량

목재 및 목질재료의 제조에너지와 탄소방출량을 다른 재료와 비교 검토해 볼 때 목질계 재료가 환경친화형 재료라고 불릴 수 있는 이유는 과연 어디에 있는가? 재

표 6-1. 각종 재료제조에 소요되는 소비에너지와 탄소방출량

종 류	화석연료에너지		제조시 탄소방출량		제품중의 탄소 저장량	±탄소량
	MJ/kg	MK/m^3	kg/t	kg/m^3	kg/m^3	kg/m^3
천연건조제재 (비중 : 0.50)	1.5	750	30 (32)	15 (16)	250 *1	−235 −234
인공건조제재 (비중 : 0.50)	2.8	1,390	56 (201)	28 (100)	250 *1	−222 −150
합 판 (비중 : 0.55)	12	6,000	218 (283)	120 (156)	248 *2	−128 −92
파티클보드 (비중 : 0.65)	20	10,000	308 (345)	200 (224)	260 *3	−60 −36
철 재	35	266,000	700	5,320	0	5,320
알루미늄	435	1,100,000	8,700	22,000	0	22,000
콘크리트	2.0	4,800	50	120	0	120
종 이	26	18,000		360		

주) 1. ( )내는 폐재 연소에 의한 열에너지의 이용을 고려한 경우임. 또 폐재로부터의 조달에너지는 천연건조재 20MJ, 인공건조재 1,820MJ, 합판은 인공건재의 1/2, 파티클보드는 1/3로 함.

2. *1, *2, *3 : 탄소함유율을 각각 50%, 45%, 40%로 하였다.

3. ±탄소량 : 목재가 생육시에 대기중으로부터 흡수해 고정된 탄소량

료의 제조에너지와 탄산가스 방출량을 비교하여 그 해답을 찾아보자. 각종 목질재료의 제조에너지와 탄소방출량을 표 6-1에 나타내었다. 표에서 보듯이 목재 및 목질재료는 일반적으로 다른 재료에 비해 가공에 소모되는 에너지가 작다.

각 재료의 제조에너지와 제조 시 탄소방출량을 보면 전기에너지를 다량 소비하는 알루미늄이 높고, 철재, 종이가 이어지지만 알루미늄의 값이 압도적으로 크다. 목질계 재료의 탄소방출량은 단위체적당으로 보면 금속재료의 수십분의 일에서 수백분의 일밖에 안되고 경우에 따라서는 수천분의 일 정도이다. 지구환경보전의 관점에서 건축구조용재로서는 철재를, 또 샷시 등 건자재에서는 알루미늄재료를 될 수 있는대로 절약하는 것이 바람직하다.

그림 6-9. 제조 시 재료별 탄소방출량

목질재료 안에서 이들 값을 비교하면 역시 구성요소가 작아짐에 따라 소비에너지가 증가하는 것을 알 수 있다. 즉 인공건조제재의 제조 시 단위체적당 탄소 방출량은 100kg임에 대해 합판 및 파티클보드, 또 종이의 값은 각각 156kg, 224kg 및 360kg이 되어 순차적으로 탄소방출량이 증가하는 것을 알수 있다. 이에 대해 콘크리트의 소비에너지와 탄소방출량은 합판과 유사하거나 적다는 데 유의하여야 한다.

목질계 재료는 지구상의 탄소순환계에 있어서 탄소를 흡수하고 고정시키는 데 중요한 역할을 담당하는 산림자원을 원재료로 하고 있다. 따라서 목재와 목질재료는 대기 중의 탄소를 흡수한 것에서 제조 시 방출되는 탄소방출량을 제외시키면 목질계 재료와 다른 건축재료간의 탄소방출량의 차이는 더욱 커진다. 표에서 보듯이 제재에서 파티클보드까지의 모든 목질재료가 탄소저장형 재료임에 대해 기타 금속재료나 무기재료는 탄소방출형의 재료라고 할 수 있다. 파티클보드는 비교적 제조에너지가 크지만 그래도 탄소량 수지는 마이너스이고 탄소저장형 재료이다. 파티클보드 등의 목질보드는 목질자원의 리사이클시스템에 필요불가결한 재료이므로 탄소저장형 재료라는 것은 극히 중요하다. 이러한 의미에서 목재제품을 사용하는 것은 대기 중의 탄소를 경감시키고 지구온난화 방지에 큰 역할을 하는 우수한 환경조화재료라고 결론을 내릴 수 있다. 따라서 목질재료를 오래 이용하는 것은 대기중의 탄소를 고정시키고, 탄산가스의 발생을 억제하므로, 이를 위해서는 고내구화기술이나 재이용, 제재이용 시스템의 확립, 그리고 보다 더 효율이 높은 절약 자원, 절약에너지 가공기술의 개발이 앞으로 중요하게 될 것이다.

또한 환경보호의 측면에서 목질재료가 다른 재료에 비해 우수하다는 것은 순환주기분석법(life cycle assessment, LCA)을 통해서 밝혀지고 있다. 이에 따르면 목재는 재생산이 가능한 천연자원이며 나무는 생장중에 이산화탄소를 흡수한다는 점, 목재의 가공에는 최소한의 에너지만 소모되며 목재의 가공폐재는 목질재료, 종이 또는 연료용 연료로 사용된다는 점, 목재는 재활용이 쉽고 인체에 무해하며 자연상태에서 생분해된다는 점 등의 6가지 특징이 환경에 유리한 것으로 밝혀졌다.

2) 목재로 된 건축물의 환경적 우수성－환경생태건축에의 기대

건축생산은 기본적으로 자원 에너지를 소비하는 것으로 성립되고 있지만 동시에 자원저장이라는 측면도 가지고 있다. 목조건축물은 수목과 같이 커지지는 않으나 산림과 동등한 의미를 갖는다고 생각된다. 즉 도시속의 숲인 것이다. 건축물이 사용되고 있는 동안 서서히 노후화되어 최종적으로 해체되지만 이때 생긴 자재는 모두가 쓰레기로서 대지나 대기로 돌아가는 것이 아니고 재생자원으로서 사용하게 된다. 그 때문에 재료로서의 내구성이나 해체방법이 저장된 자원의 재이용에 있어서 중요한 요소가 된다. 또 건축물로서의 내용년수가 증가되고 해체에 의한 배출량은 감소하게 되면 산림에 여유를 주게 된다.

주택건축에서 목구조건축과 다른 구조물과의 환경적 영향성, 특히 탄소저장량을 비교해 보기 위해 한 예를 들면 다음과 같다. 주거형태에 따른 탄소저장량의 비교해 보면 축조되는 주택의 평균 바닥면적이 180m^{2}이라 할 때 목조주택의 경우 21m^{3}의 목재를 사용하나 철골조주택에서는 6.7m^{3}의 목재만 사용하며 이에 따른 이산화탄소의 저장량은 큰 차이를 보인다(표 6–2). 표 6–2에서 보듯이 목조주택은 철골조주택에 비하여 이산화탄소의 저장량이 매우 큰 것으로 나타났다. 철골조주택의 시공은 환경적으로 볼 때 이산화탄소의 방출로 이어져 환경에 나쁜 영향을 미친다. 그러므로 철골조 주택이나 콘크리트 슬랩주택에서 방출되는 많은 양의 이산화탄소를 줄일 수 있는 대안은 목조주택을 위시한 목재의 효율적이고 올바른 사용에 있다고 볼 수 있다.

표 6–2. 목구조와 철구조에 저장되는 탄소량(바닥면적 : 180m^2)

구성요소	목 구 조	철골구조
골조(frame)	13m^3 목재	5 tonne 철강
전체	21m^3 목재	6.7m^3 철강
총탄소저장량	9.7 tonnes	3.1 tonnes
총탄소배출량	2.2 tonnes	6.0 tonnes
순탄소저장량	7.5 tonnes	–2.9 tonnes

캐나다 임산물연구소는 임산물연구소의 건물을 목조로 건축하면서 그 건물의 건축을 철골조로 하였을 경우에 대하여 오염물질의 배출정도를 비교 분석한 결과 목조의 경우가 철골조에 비하여 에너지 소비량, 이산화탄소 방출량, 물의 사용량 그리고 기타 오염물질의 배출 측면에서 수배에서 수십배 유리함을 보여주었다는 연구결과를 발표하였다. 이 자료에 의하면 샛기둥 재료로서 목재 대신 다른 재료를 사용하는 경우에 목재가공시에 소모되는 에너지보다 철은 9배, 알루미늄은 5배 그리고 콘크리트는 3배의 에너지가 더 소모되며 바닥구조의 경우에는 목조보다 콘크

리트 슬라브 구조가 21배의 에너지를 더 소모한다고 한다.

철골조

목 조

그림 6-10. 탄소저장량의 차이가 큰 철골조와 목조건물

그림 6-11. 공학목재로 시공된 캐나다 임산물 연구소(Forintek)

하지만 우리나라의 경우 아직은 목조보다 비목조방식이 건축의 주류를 이루고 있고 건축에서 목재의 사용량이 줄어들고 있는데, 각종 건물에 사용되는 창과 창틀의 경우를 보더라도 목재 대신 알루미늄 창호로 대체되고 있는데서도 잘 나타난다.

알루미늄 창호의 경우 목재창호보다 더 많은 에너지를 소모하게 되며 그 결과 창호 무게 1kg당 8.9kg의 탄소에 해당하는 이산화탄소를 방출하게 되어 대기오염이 가중되게 된다.

결론적으로 목재자원을 이용하는 목조주택의 건축이 일반화된다면 다른 건축재료로 시공된 주택에 비하여 이산화탄소의 발생량을 더욱 크게 감소시킬 수 있을 것이며 저장되는 탄소의 양도 늘어나 환경보호적인 측면에서 매우 유익하며 지구온난화방지에도 큰 역할을 할 수 있을 것으로 기대되고 있는 것이다. 최근 환경생태건축, green building에 대한 관심이 높아 지면서 목조건축에 대한 관심이 크게 증대되면서 목조건축이 환경에 유익한 주거형태로 자리매김하고 있다.

그림 6-12. 이산화탄소 감소의 주역-목조건축

3. 목재자원의 효율적 순환이용

1) 폐목재자원

우리나라에서 한 해 발생하는 폐목재는 220만톤을 상회하며 이를 50년생 소나무로 환산하면 500만 그루에 해당된다. 이 중 1/3정도만 재활용되고 나머지는 대부분

폐기, 소각되고 있는 실정이다(표 6-3 참조). 산림과학원의 자료에 따르면 목재가공산업의 폐목재를 포함시킬 경우 전체 폐목재의 발생량은 연간 1,100백만[3]이며 이는 전체 목재소비량의 40%에 달한다. 특히 전체 폐목재의 재활용률은 43% 정도이지만 생활폐기물은 12%, 건설폐기물은 4%에 불과하며 매립 처분량이 전체 폐목재의 24%에 달한다고 한다. 아직도 우리나라에서는 수입에 따른 목재 의존률이 94% 정도로 연간 2조원이 넘는 돈이 드는데, 엄청난 돈을 들인 목재자원이 아무런 의미 없이 버려지고 있는 것이다. 만일 우리가 버려지는 폐목재를 전량 재활용한다면 2천억원 이상의 수입대체효과를 거두면서 귀중한 자원을 아낄 수 있을 것이다. 일본은 이미 1988년부터 폐목재를 자원으로 하는 방안을 추진하여 왔고, 2002년 시행된 건설 리사이클법은 폐목재의 분리배출을 의무화 하면서 재활용률을 높이는 결정적인 계기가 되어 최근에는 약 94%에 달하는 재활용률을 보여주고 있다.

표 6-3. 폐목재의 종류별 발생량 및 처리현황 (단위 : 톤/일)

구 분	계	생활 폐목재			사업장 폐목재	건설폐목재
		소 계	생활폐기물	사업장생활계 폐기물		
발생량	6,519.1 (100%)	2,421.0	2,119.2	301.8	850.4	3,247.7
매 립	1,503.5 (23.1%)	1,204.5	1,053.3	151.2	13.8	285.2
소 각	2,724.5 (41.8%)	1,105.5	1,040.6	109.0	385.2	1,188.8
재활용	2,291.1 (35.1%)	66.0 (2.7%)	25.3 (1.2%)	40.7 (13.5%)	451.4 (13.5%)	1,173.7 (54.6%)

목재계 폐기물은 산림작업과 목재가공 공정 중에서 나오는 비교적 양호한 상태의 목질폐기물과 소비자가 제품 사용 후 버리는 폐기물 및 건설폐목재로 크게 구분된다. 이 중 전자의 것은 재활용률이 거의 100%에 달할 정도로 매우 높으나 나머지는 크게 못미친다. 특히 거푸집, 가설재, 나무창틀, 바닥재 같은 건설폐목재는 소각, 매립하거나 미분류하여 혼합 폐기물로 방출하기도 하고 부적격 사업자에게 위

탁시켜 처리하는 등 불법 및 편법에 의한 폐목재의 처리실태로 인해 소중한 자원이 그냥 버려지고 있다. 더 나아가 소각, 매립에 따른 환경오염의 발생, 처리비용 등으로 인한 가격상승, 수습의 불균형 등으로 인해 재활용이 극히 부진한 상태에 있다.

임지폐목재

제재소 폐목재

건설폐목재

그림 6-13. 폐목재의 발생

이러한 원인에는 자원에 대한 순환이용의 필요성에 대한 인식이 부족하여 양질의 목재자원마저도 연료로 일괄적으로 사용되거나 오염된 목재의 무분별한 사용, 폐목재의 무단방치, 매립 등으로 비효율적으로 사용되고 있으며 이와 더불어 현행 관련법규에서 목재자원의 순환이용을 촉진시키기 위한 제도적인 장치가 없는데도 크게 기인한다.

2) 목재자원의 효율적 순환이용

폐목재자원을 재활용하기 위해서는 수집, 분류, 분쇄, 정쇄,를 거쳐 산업용으로 원료화하는 방안이 마련되어야 한다. 폐목재자원의 재활용에도 우선 순위가 있으며 발생원별, 상태별 처리방법 및 사용용도의 명확한 기준을 정립하고 순환이용에 대한 인식을 제고하여야 한다. 목재는 대표적인 환경친화형 재료(eco-material)이며 순환 이용의 최우선 순위에는 목질보드 산업이 있다. 목재가 동일용도에 사용할 수 있는 소재 중 생산, 이용, 폐기, 재생이용, 폐기, 자연분해로 이어지는 가장 환경친

그림 6-14. 폐목재의 순환이용 - 목질보드

화형 재료라면 폐목재 자원을 원료로 사용하는 목질보드는 목재자원의 효율적 순환이용의 선두에 서 있다고 볼 수 있다.

재활용되는 폐목재는 우선 공장으로 운반되어 산별, 파쇄공정을 거친 후 가공되어 재생목재인 파티클 보드나 MDF로 제조되고 이를 사용한 제품이 생산된다. 제품으로 수명을 다한 것은 다시 폐목재자원으로 돌아와 재활용되므로 목재자원의 순환이용적인 면에서 가장 효율적인 방안이 된다. 한편, 순환 이용이 불가능한 폐목재는 바이오매스/화력용의 연료로 쓸 수 있으며 재활용이 불가능한 것은 방재시설이 갖추어진 곳에서 소각 또는 매립처리한다.

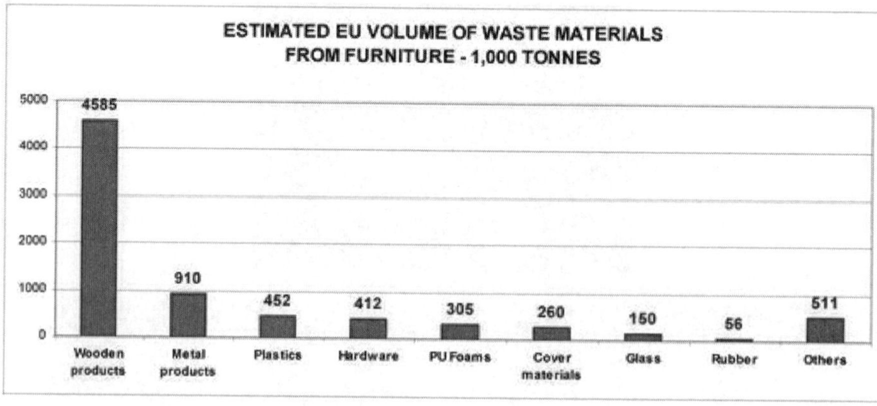

그림 6-15. 목재자원의 순환이용의 가능성-가구폐재로부터 나오는 목재자원(유럽)

우리는 나무를 베고 제품으로 가공하는 과정은 반드시 지구환경문제와 연관성을 갖는다는 인식을 갖고 버려지는 목재도 자원임을 깨달아 폐목재도 폐기물이 아닌 자원이라는 측면에서 새로이 바라보아야 한다. 그리하여 목재자원의 순환이용이야말로 지구 환경을 보존하는 지름길임을 깨닫고 목재자원을 충분히 잘 이용하여야 한다. 이를 위해 폐기물의 삭감(reduce), 재사용(reuse), 재생이용(recycle)의 종합적, 함축적 의미를 갖는 제로에미션(zero-emission)을 목표로 하여 자원을 효율적으로 이용하여야 할 것이다.

3) 종이의 리사이클

인류가 문명을 축적하는 데 중요한 역할을 한 종이의 원료로 나무가 사용된다. 종이 없는 우리의 생활을 상상할 수 없을 만큼 종이는 귀중한 자원이다. 도시에서 나오는 쓰레기의 상당부분은 종이이다. 한 번 사용한 종이를 재사용하면 환경보호 측면에서 매우 유리할 것이다. 오늘날 우리주변의 종이는 정보매체 포장재료 사무용품에 이르기까지 폭넓게 사용되고 있다. 종이가 기타소재와 크게 다른 점은 한 번 사용한 종이를 재사용할 수 있다는 것이다.

종이 1t을 만드는 데 30년생 나무 17그루정도가 필요하다. 나무를 베어낸 자리를 다시 채우는 데는 30년 이상의 오랜 세월이 걸리며 상당한 노력이 든다. 종이 가공과정에서는 많은 물과 에너지가 필요하며, 환경을 오염시키는 많은 유해화학물질이 배출된다. 우리나라에서 1년에 소비되는 종이는 700~800만t 수준이다. 만일 한 해 동안 소비되는 모든 종이를 나무로만 만든다면 30년생 나무 1억 1,000~1억 3,000그루가 필요하다. 국민 일인당 종이 소비량은 153kg 정도로 이 양은 30년생 나무 2.7그루에 해당한다. 한 사람이 평생 쓰는 나무는 직경 22cm, 높이 18m 나무 237그루에 해당한다. 결국 한 사람이 80년을 산다고 하면 해마다 세 그루의 나무를 심고 그 나무가 가뭄과 산불에 상하지 않도록 30년 동안 잘 돌봐야만 자급자족이 가능한 셈이다. 우리의 종이 낭비 습관은 목재 자급률이 6% 불과한 우리나라의 외화 낭비를 초래할 뿐더러 종국에는 '지구의 허파' 인 아마존 열대밀림 파괴로 이어질 것이다.

그나마 다행인 것은 전체 종이 소비량 중 3분의 2 정도가 한 번 쓴 종이를 재활용해 만든 재생지라는 점이다. 우리나라의 종이 소비를 위해 매년 4,000만 그루 정도가 벌목되고 있다. 지구를 맑고 푸르게 하기 위해서는 종이를 아껴 써야 한다. 종이 절약에는 어떤 방법이 있을까? 종이를 낭비하지 않고 아껴 쓰는 것이 첫째다. 둘째로는 한 번 쓴 종이를 다시 쓰는 것, 다음으로는 다 쓴 종이를 재활용해 다시 재생지를 만들 수 있도록 분리해 내놓는 것이다. 이같이 아껴 쓰고(reduce), 다시 쓰고(reuse), 재활용(recycle)할 수 있도록 다 쓴 종이류를 분리 배출하는 것이 우리가 해야 할 당연한 의무인 것이다.

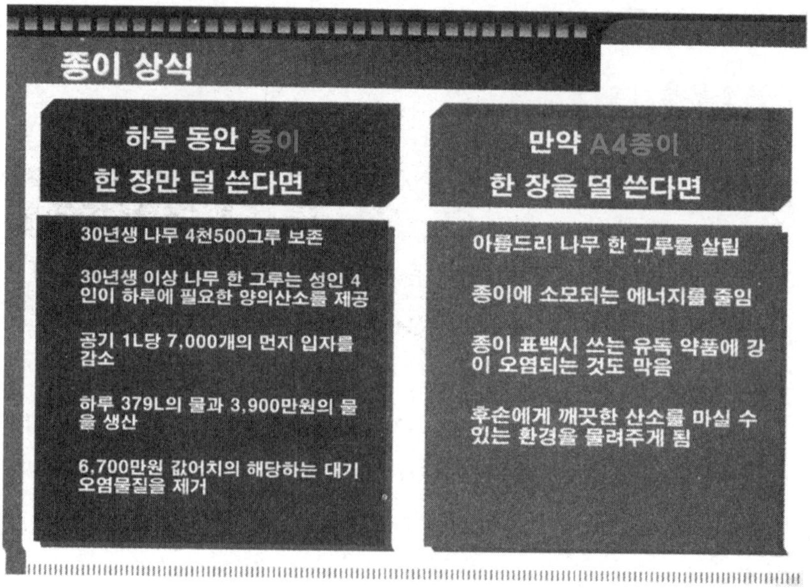

그림 6-16. 종이 절약의 상식

재생지를 만들기 위해 우리나라는 매년 전체 폐지 필요량의 4분의 1수준인 150만t의 폐지를 수입한다. 폐지의 분리배출에 조금만 노력하면 외국으로부터 폐지를 수입하지 않아도 되며, 연간 150t의 종이를 우리 땅에 묻지 않아도 된다. 재생지는 일반적으로 '소비자 이전'과 '소비자 이후'의 폐지를 재활용한 두 가지 기본 유형으로 다시 구분된다. 소비자 이전의 재생지는 종이공장에서의 재단물, 인쇄공정의 파지 등과 같이 소비자의 손길이 전혀 닿지 않는 종이류를 재활용한 것을 말한다. '소비자이전'의 폐지는 질이 비교적 고르기 때문에 재생지 중 고급품을 만드는 데 사용된다. '소비자 이후'의 재생지는 신문, 잡지, 포장지 등과 같이 소비자가 사용한 후 내놓는 폐품을 수집해 다시 종이로 만든다. 오랫동안 보관해야 할 서적 외에 공책이나 웬만한 인쇄물, 화장지와 같이 한 번 쓰고 버리는 종이제품은 품질에 큰 영향을 미치지 않는다면 종이사슬 바닥에 있는 '소비자 이후'의 폐지를 재활용하는 것이 바람직하다.

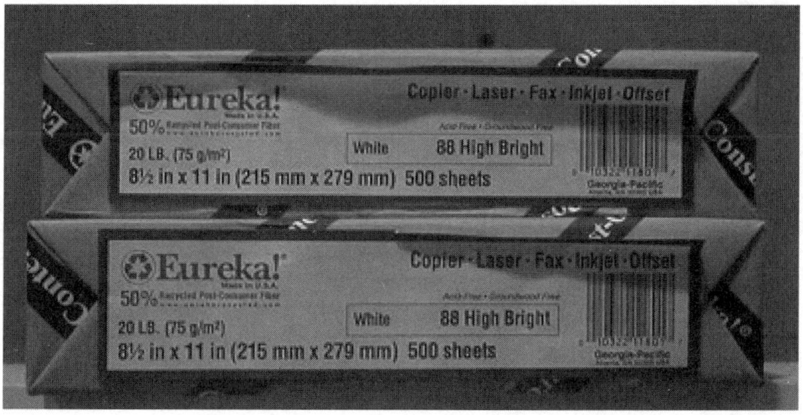

그림 6-17. 소비자 이후 재생지로 만든 종이

신문을 구독하는 경우 1년치를 구독할 때 배출하는 신문지 양은 85kg정도인데, 이는 원목 한 그루 반에 해당된다. 또한 한 번 사용된 종이의 재활용을 1%만 높인다면 30년생 나무 80만 그루가 보호되며, 폐지 및 펄프 수입에 소요되는 외화를 연간 40억원까지 절약할 수가 있다.

그림 6-18. 종이의 재사용을 위해서는 분리배출이 중요

한편, 우리나라 소비자 중에는 폐지를 재활용한 '재생화장지'가 위생성이나 품질 측면에서 좋지 않다고 생각하는 경향이 있다. 재생화장지는 표백제나 형광증백제가 들어 있어 인체에 해로우며 품질이 나쁘다고 생각하는 소비자가 많은데, 이는

사실과 다르다. 펄프표백에 사용하는 표백제는 사용 후 분해되므로 화장지에 남지 않는다. 화장지의 형광증백제도 인체에 유해한 영향을 주는 것은 아니다. 외국에서도 제지공업에 사용되는 표백제나 형광증백제에 관한 논란은 인체 안전성이 아닌 환경측면에만 국한된다. 최소한 인체에는 해롭지 않음을 증명하는 사례다. 다만 제품성능이나 기능향상과는 상관이 없이 단지 더욱 희게 보이게 하기 위해 추가적인 표백을 하거나 형광증백제를 첨가하는 것이 바람직하지 않다는 것이다. 표백을 위해서는 표백제 외에도 많은 화학약품이 사용되며, 이들이 환경 중으로 방출되는 것을 막기 위해서는 많은 수처리제가 필요하게 된다. 재생지를 사용한 화장지의 경우 폐지에 들어 있던 형광증백제를 일부러 제거할 필요는 없지만, 희게 보이기 위해 형광증백제를 별도로 첨가하는 것은 환경에 부담을 주게 되므로 경계해야 할 것이다. '소비자 이후'의 폐지를 재활용해 만든 화장지는 품질은 다소 떨어질 수 있지만 사용에 지장을 줄 정도는 아니다. 1993년 1995년 두 차례에 걸쳐 한국소비자보호원에서 시험한 결과에 의하면, 폐지의 사용여부가 두루마리화장지의 품질에 큰 영향을 미치지 않는 것으로 나타났다.

그림 6-19. 소비자 이후 폐지로부터 나온 재생 화장지

재생화장지의 위생성과 품질이 나쁠 것이라고 생각해 흰 화장지를 선호하는 잘못된 인식만 바뀐다면 귀중한 자원인 나무뿐만 아니라 외화도 절약할 수 있어서 재생화장지를 자연스럽게 사용하는 실천이 환경을 보존하고 살리는 첫걸음인 것이다.

그림 6-20. 재활용 촉진을 위한 각종 로고

〈참 고 문 헌〉

1. Bowyer, Jim L. 1992. Population, environmental, and related issues in the context of raw material demand and availability. Wood products for engineered structure. Forest Product Society Proceedings 47329 : 11–16.
2. Buchanan, Andrew H. 1990. Timber engineering and the greenhouse effect. Forest Product Society Proceedings 47329 : 11–16.
3. Okuma, Motoaki. 1995. Relationship between conservation of global environment and wood utilization. 95년도 한국 목재 공학회 정기총회 특별강연 자료.
4. Society of wood science and technology. 1997. Environmental implications of wood-based products. SWST–The critical issue committee task group paper.
5. 곽상수. 1998. 식물에 의한 이산화탄소고정과 지구환경보전. 생명공학동향. 제6권 3. 4호 : 51–55.
6. 김규헌 등. 1998. 산림의 온실가스 저감방안. 임업연구원 연구자료 제143호.
7. 김만영. 2000. 생활속의 나무이야기. 산림지 2000년 10월~2월, 2001년 2월호.
8. 산림청, 목재문화추진위원회. 2002. 목재문화의 시회환경적 적용과 모색. 제 1회 목재문화 심포지움 자료집.
9. 오세창. 1999. 목재 및 목질재료 이용에 관한 환경적 연관효과. 임산에너지18(1) : 37–45.
10. 유병일. 1996. 지구환경과 산림 그리고 인간. 도서출판 지구촌. 294pp.
11. 임업연구원. 2001. 목질계 생활폐기물을 이용한 건축자재개발. 농림부 농특과제 최종보고서.
12. 임업연구원. 1992. 산림자원의 이용과 지구환경. 일본목재공업 1992. 2(한글역– 월간임업정보 제19호).
13. 임업연구원. 1992. 지구환경 우호산업으로서의 목재산업. 일본목재공학 1991. 8(한글역 – 월간임업정보 제12호).
14. 장상식. 1994. 환경보호와 목재의 이용. 목재공학 22(3) : 51–58.
15. 한국합판보드협회. 2007. 목재자원의 순환이용. 사단법인 한국합판보드협회.
16. 有馬孝禮. 1994. 木材と自然環境. 建築雜誌 Vol. 109 No. 1364 : 42–43.
17. 日本木材學會. 1993. 木材の科學と利用技術 III. –1. 木材利用と地球環境保全. 日本木材學會.

제 7 장 목재와 생활환경

나무는 베어져서 목재라는 인류에게 유익한 선물을 준다. 목재는 선사시대 이래로 전통적인 재료로 인류생활에 사용되어 왔으며 인간에게 가장 잘 어울리는 재료로 인체 및 주거생활과 아주 밀접한 관련을 맺고 있다. 목재 또는 목질재료는 인간생활의 필수품으로써 생활환경의 일부를 형성하고 있으며 우리의 삶속에 정형화되어 있다. 우리는 목재를 볼 때 부드러움, 따스함, 평안함을 느끼는데 이는 목재가 갖고 있는 고유한 특성 때문이며 이에 관한 객관적이고 과학적 근거가 최근에 들어서서 점차 밝혀지고 있다. 웰빙(well-being)으로 지칭되는 현대생활에 있어서 환경친화적 재료인 목재의 사용의 필요성은 더욱더 커지고 있다.

1. 목재와 연관된 인체의 감각적 특성

사람들은 눈을 통해 보이는 곳에 목재가 배치된 공간을 좋아한다. 또한 신체와 접촉하는 부위에도 목재를 선호한다. 이러한 사실은 목재가 인체에 미치는 긍정적인 영향을 단적으로 증명하는 것으로, 목재가 인체에 미치는 영향에 대해서는 인체의 감각특성인 시각특성, 청각특성, 신체감각특성과 질병 및 건강에 관련된 영향을 구분하여 생각해 볼 수 있다.

1) 목재의 시각적 특성

목재특유의 질감(texture)을 형성하는 것은 금속, 플라스틱과는 다른 목재 특유의 광택 때문이다. 이 광택은 섬유질을 형성하는 무수히 많은 피브릴에 의한 빛의 투과와 산란, 세포내강에 있는 섬유표면에서의 마크로한 경면반사로 인한 것이다. 목재의 광택에서 그 특징은 방향에 따라 달라지는 이방성을 갖는다. 그림 7-1에서 보듯이 섬유평행방향에서는 빛의 경면반사가 크게 일어나고 직교방향에서는 빛은 세포벽에 산란반사되어 경면광택도가 떨어진다. 이로 인해 목재는 보는 방향에 따라 광택도가 달라지며 등방성 재료와는 다른 재질감을 부여한다. 같은 목재라도 표면 가공방법에 따라 광택이 달라지는데 연삭(sanding)할 경우 표면의 섬유가 절단되어 경면광택도가 저하되는 반면, 자동대패로 가공한 것은 정반사가 크게 일어나 광택도가 높아진다. 도장을 할 경우 보통 도막면에서 반사가 크게 일어나 경면광택도가 높아지며 목재표면에서의 광택의 이방성이 없어진다.

궁극적으로 목재가 친근감을 주는 요인은 다공체의 미세한 요철구조에서의 빛의 표면 반사 및 층내 반사의 조화로 목재 특유의 아름다운 무늬결이 만들어 지며 은은하면서 깊은 멋을 풍기게 된다.

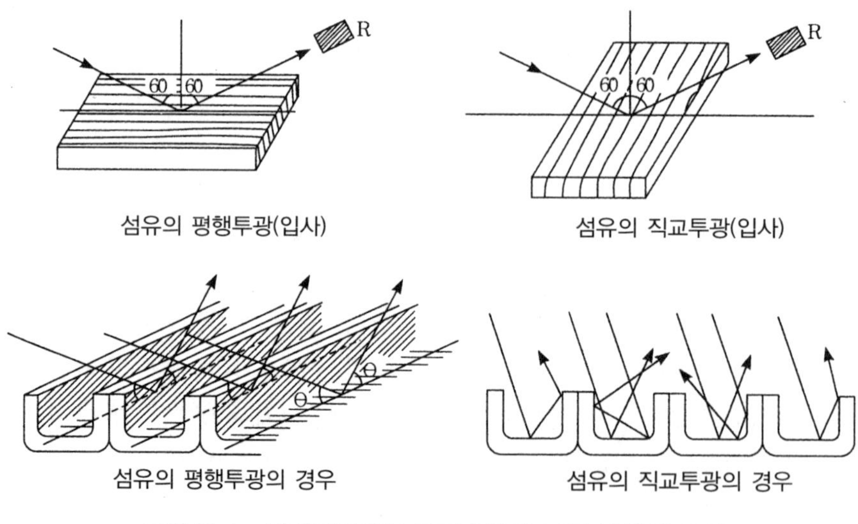

그림 7-1. 목재표면에서 목리방향에 따른 반사의 모식도

목재는 보는 사람으로 하여금 따스하면서 부드러운 느낌을 갖게 한다. 이러한 느낌은 목재가 다공질이며 열전도율이 작고 만져도 차갑지 않다는 사실을 경험적으로 알고 있기 때문이다. 또한 주황색 계열의 목재 색상과 부드럽고 자연스러운 목재의 무늬결 등에 기인한다고 볼 수 있다. 목리를 파란색(B)이나 녹색(G)으로 인쇄하면 황적색(YR)계통으로 인쇄한 경우보다 따스한 느낌이 떨어지는 것도 앞의 이

유와 같은 것이다.

가구, 수납장, 도어, 마루판 등의 주택내장재로 목재가 많이 사용되는 이유는 목재가 특유의 이미지를 부여해 주고 있기 때문이다. 목리가 갖고 있는 이미지는 황적색(YR)계통의 온난한 것으로 깊은 질감을 더해주고 있다. 또한 목재의 수종과 목리 및 색상이 갖는 이미지가 다양하므로 용도에 맞는 이미지를 갖는 목리를 갖는 것을 선정하여 사용할 필요가 있다. 이에 따른 특징을 다음 표에 나타내었다.

표 7-1. 목재의 육안적 특징과 이미지

인 자	이 미 지
정목(직선적)	세련됨, 침착함
정목(곡선적)	동적, 싫증나지 않음
연륜폭	
소	균질, 고급, 치밀함
대	거침, 화려함
조/만재간의 차이	
소	균질, 고급
대	거침, 파격적임
이상문양	호화, 파격적, 품격이 있음
옹이	자연적, 와일드함

목재는 눈에 해로운 자외선을 대부분 흡수함으로써 눈에 자극을 적게 한다. 목리의 평행하면서 자연스러운 변이는 안정되고 아름다우며 편안하고 친근한 느낌을 준다. 목재는 수종이나 가공방법의 선택에 따라서 자연상태로 다양한 무늬결, 색상, 질감 등을 표현할 수 있으며 여러 가지 색상의 인공적인 착색이나 도장 등을 통하여 다양한 분위기의 표현이나 연출이 가능하다. 비록 목재의 무늬결의 겉모양은 인쇄를 통하여 표현할 수 있으나 목재의 자연스러운 질감과 은은한 멋 그리고 깊은 맛은 모방할 수 없는 것이다.

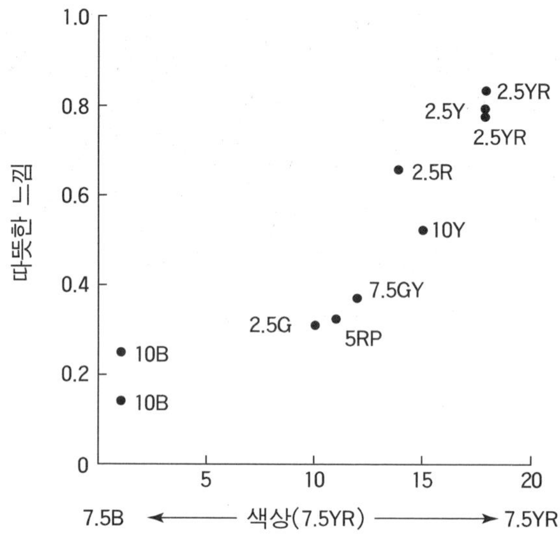

그림 7-2. 색상과 따스한 느낌과의 관련성

그림 7-3. 다양한 목리를 통해 심리적 위안을 주는 목재

자연계에 존재하는 사물들의 공통된 특징 중의 하나는 그 사물에 나타나는 자연적인 변동의 형태가 주파수에 반비례하는 1/f 변동을 나타낸다는 사실이다. 이를 전문용어로 human resonance라 한다. 예를 들면 사람의 심장박동의 자연변동이나 달팽이의 신경섬유에서 나오는 신경신호의 자연변동, 사람이 자연스럽게 박수칠 때의 변동, 사람의 뇌파의 자연변동, 지구의 장기간에 걸친 기후의 변동 등 모든 자연현상들이 1/f 변동을 나타낸다. 사람들이 목재의 무늬를 좋아하는 이유는 신체내의 자연스러운 리듬의 변동과 같은 형태의 변동을 갖는 모양을 시각기관을 통하여 봄으로써 마음의 안정을 얻거나 즐거움을 느끼기 때문이다.

사람의 눈으로 보았을 때 가장 자연스러우면서 마음의 안정을 느끼고 호감을 느끼는 무늬는 1/f 변동을 나타내는 무늬이다. 따라서 자연의 일부로서 1/f의 선천적 변동을 타고난 사람들은 자신도 모르게 자연스럽게 1/f 변동을 보이는 목재의 무늬결에 호감을 느끼게 되는 것이다. 목재는 고유의 자연적인 색상과 함께 그 외형의 불규칙성과 자연성 때문에 심리적 위안을 갖는다.

2) 음과 목재

목재와 연관된 음환경은 그 음색의 유연함을 지적하는 경우가 많다. 여기에는 목재의 진동특성과 음향방사적 특성이 관련되어 있다. 인간은 오랜 옛날부터 각종 악기류를 사용하여 왔다. 이러한 악기용재로서 가장 많이 사용되고 있는 재료가 목재이다. 우리 생활주변에서 목재는 우수한 성능을 갖는 신소재인 목질재료에 의하여 대체되고 있으나 악기만은 계속 목재를 사용하고 있다. 이와 같은 악기용재로서의 오랜 역사는 목재만이 가지고 있는 독특한 음향적 특성에 기인한다. 목재의 음색은 방사음의 음향 스펙트럼 분석에 의하여 알 수 있다. 목재의 음향 스펙트럼은 그림 7-4에서 보듯이 다른 재료들과는 달리 공진점이 날카롭지 않고 공진과 비공진의 진폭 차이가 크지 않아 듣기에 거북한 느낌을 주지 않는다. 또한 목재는 현의 진동을 음으로 변환시켜 주는 성질이 뛰어난 음향특성을 지니고 있어서 악기용 재료로 최상의 재료인 것이다.

악기용 재료는 특별히 선정된 수종만이 사용되는데 바이올린의 표판과 피아노의 향판에는 가문비나무가, 바이올린의 뒷판에는 단풍나무, 우리나라 전통악기인 가야금에는 오동나무가 많이 사용되었다. 이러한 사실은 목재의 음향적 특성이 청각에 의하여 구별될 수 있을 정도로 다른 재료들보다 우수하며 수종에 따라서도 차이

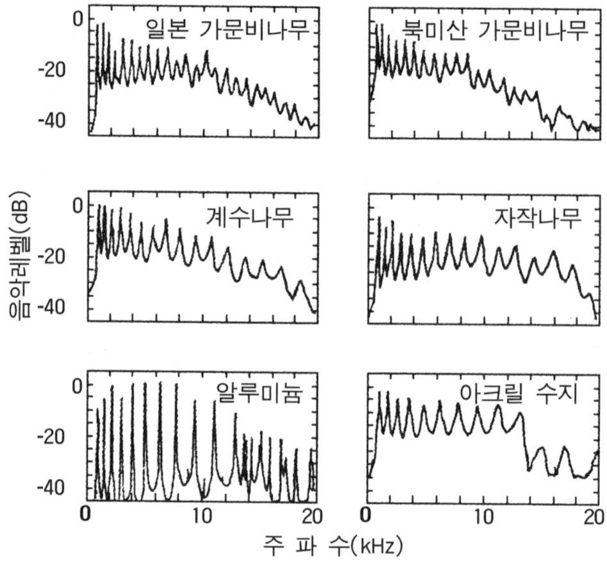

그림 7-4. 각종 재료의 음향 스펙트럼

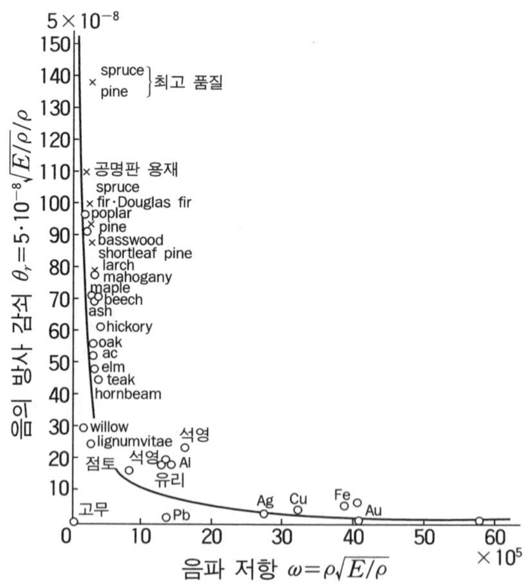

그림 7-5. 목재의 음파저항과 방사감쇄

가 크다는 것을 잘 알 수 있다. 악기용 재료로서 목재는 우선 방사감쇄가 크고 손실감쇄가 작으며 밀도에 비하여 탄성계수가 높은 것이 좋다. 이 조건에 가장 합당한 재료가 가문비나무이며, 특히 동유럽산 가문비나무는 전세계적으로 최상의 악기용 재로 잘 알려져 있다.

3) 신체감각과 목재

목재의 신체감각, 즉 접촉감각에는 온냉감, 거칠기, 연한정도, 건습감 등의 특징이 있다. 목재의 표면은 사람과 직접 접촉하므로 이 특징이 나타나는 데는 목재의 조직구조, 특히 목재표면을 구성하는 세포들의 특성에 따라서 목재에 대한 신체감각의 특성이 결정된다.

(1) 온냉감

목재는 눈으로 볼 때 뿐만이 아니라 신체와 접촉했을 경우에도 따스하며 부드러

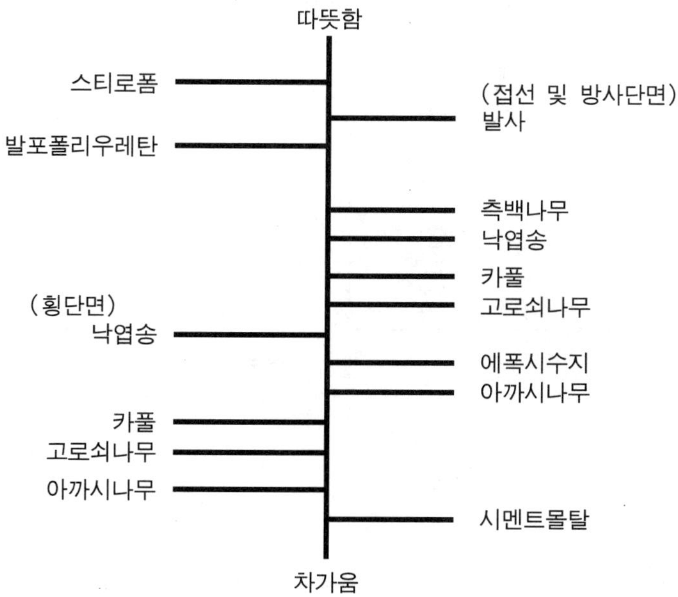

그림 7-6. 각종 재료의 온냉감 정도

운 느낌을 준다. 따뜻하다는 느낌이 드는 것은 목재는 열전도율이 낮기 때문에 신체와 접촉시에 접촉면에서의 열전달이 적게 일어나고 이 때문에 우수한 접촉 온냉감각적인 특성을 지니고 있기 때문이다. 또한 추운 겨울날 철봉을 손으로 잡을 수는 없지만 목재로 된 철봉지지대는 손으로 잡을 수가 있는 것도 열전도 및 확산속도가 목재가 철강 및 다른 재료에 비해 매우 낮기 때문이다. 각종 재료들의 접촉후 느끼는 온냉감 조사결과 시멘트에 비하여 목재의 질감이 따뜻하며 목재의 온냉감에 대해서는 발사나 참오동나무와 같이 비중이 낮은 가벼운 목재는 따뜻하고, 고로쇠나무와 같이 무거운 목재는 차갑게 느껴진다는 사실이 조사되었다. 또 이 조사를 통해 목재의 종단면에 비해 횡단면이 더 차게 느껴진다는 것이 밝혀졌다.

(2) 거칠기

목재표면의 거칠기는 세포에 따라 세포벽이 절단된 면에 의해 형성된 평활한 면과 여러 세포내강이 노출된 오목한 면이 수종마다 고유한 특성으로 조합되어 목재의 거칠기를 이루며, 거칠기는 표면의 미세한 요철과 마찰저항에 의하여 결정된다. 냉온감과 고움/거침을 측정한 한 실험결과에 따르면 목재는 다른 건축자재에 비하

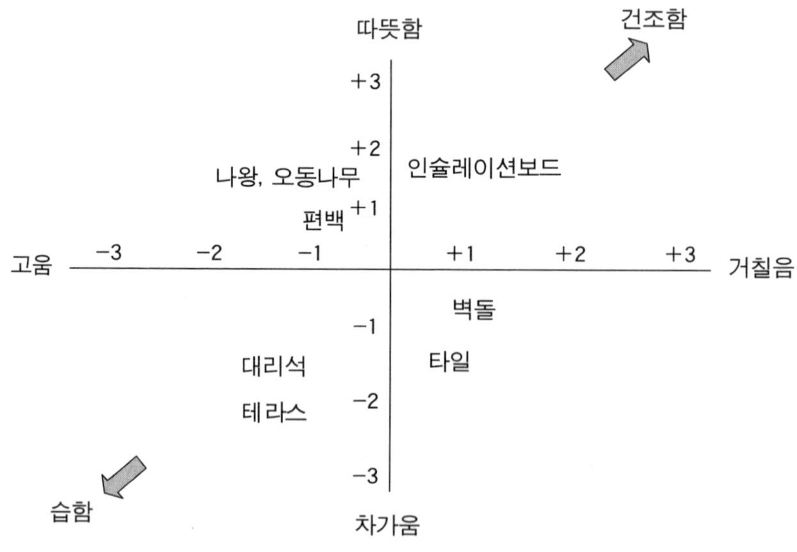

그림 7-7. 각종 재료의 온냉감과 건습감 비교

여 따뜻하고 고운 느낌을 주어 인체에 친화적인 재료임이 밝혀졌다. 즉 목재는 마찰시에 인체에 전달되는 느낌이 우수한 특성을 지니고 있다. 목재와의 접촉을 통하여 사람들은 부드럽고 친근한 느낌을 받으면서 다른 재료들에 비하여 목재에 보다 더 많은 흥미를 갖게 한다. 또한 목재를 오른손으로 문지를 때에 사람의 뇌에는 이 느낌을 아주 좋게 인식하는 알파-2파의 발생이 증가된다고 한다.

(3) 바닥의 보행감각

목재바닥은 적당한 부드러움을 가지고 있기 때문에 보행감이 우수하다. 목재는 적당한 휨변형의 회복을 통하여 초기의 충격하중을 흡수하고 연속되는 부드러운 변형의 회복을 통하여 바닥재료로서 가장 바람직한 특성을 나타내게 된다.

탄력성은 운동시에 필요한 인자로서 체육관에서의 사고 및 상해발생율과 밀접한 관련을 맺고 있다. 목재바닥은 충격을 흡수하고 적절한 탄력성을 나타냄으로써 인체에 대한 부담을 최소화한다. 충격하중에 대한 반발성능은 보행이나 운동 시의 피로감과 밀접한 관련이 있으며 10～15% 정도의 반발높이가 가장 적당한 값으로 알

그림 7-8. 충격하중에 대한 반발성능

려져 있다. 목재 및 목질재료 바닥의 반발성능이 이 정도 범주의 값을 나타내고 있으므로 보행시에 인체에 부담이 적고 피로가 적게 쌓이게 된다. 바닥 위에서 보행시의 느낌은 미끄럽기와 충격흡수, 표면경도 등의 종합적인 영향을 나타내는 지표이다. 목재 마루바닥은 아니더라도 목질재료 위에 마감재료를 사용한 바닥의 보행감각이 콘크리트바닥 위에 동일한 마감을 한 경우보다 우수한 것으로 평가된다.

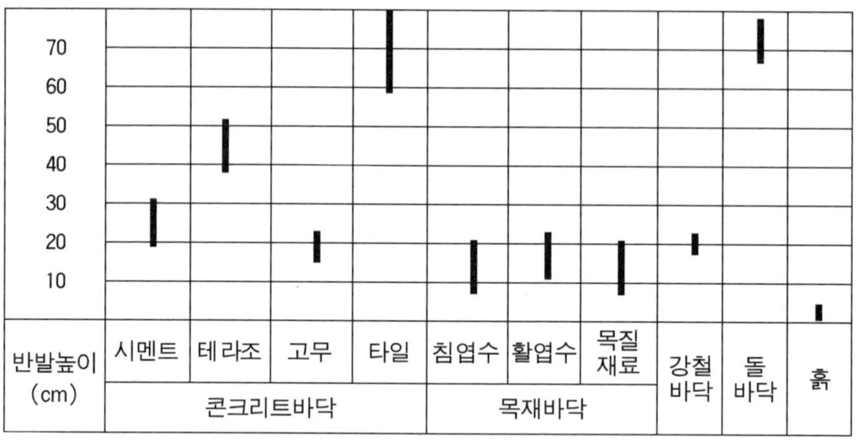

그림 7-9. 각종 바닥재료의 반발성능

2. 목재 내장재, 목조건축과 생활환경

사회가 복잡해지고 삶의 질 향상을 추구하는 경향이 높아지면서 주거생활환경의 문제가 사회전체의 중요한 관심사항으로 대두되고 있다. 주거생활환경은 웰빙(well-being)으로 대표되는 삶의 질과 밀접한 관련을 맺고 있다. 주거생활환경은 거주자의 건강과 정신상태에도 적지 않은 영향을 주며 최근 목조주택의 시공이 크게 늘어나는 것도 이와 무관하지 않다. 일반적으로 목조 주택은 콘크리트 주택에 비하여 주거생활환경이 보다 우수한 것으로 평가되고 있으며, 이와 같은 특징은 목재와 온도환경, 습도환경, 음환경 및 공기환경 등과의 상관관계에 따른 영향으로 생각해 볼 수 있다.

1) 목재의 온습도 환경제어

(1) 목재와 온도환경

'여름에는 시원하고 겨울에는 따뜻하다'. 이것은 예전의 농촌에서나 볼 수 있었던 초가집이 자연적으로 갖추고 있던 실내기후의 좋은 점을 극단적으로 표현한 말이다. 주택은 외부의 기후를 조절하여 그 내부에 살기 좋은 환경, 즉 실내기후를 만들기 위한 시설이다. 주택의 이와 같은 기능을 '기후조절'이라 한다. 냉난방 등을 하지 않은 자연상태에서는 실내기후가 외부 기후의 영향을 크게 받고 있지만, 지붕이나 외벽 등의 주택구조체에 의해서 그 영향이 상당히 완화되어 어느 정도 바람직한 실내기후가 형성된다. 이를 일컬어 "자연기후조절"이라 한다. 이와는 반대로 냉난방기를 이용하여 살기 좋은 실내기후를 실현하고자 하는 것을 "인공기후조절"이라 한다.

주택의 자연기후조절, 특히 온도 조절은 농가의 초가 지붕이나 흙벽에서 매우 현저한데, 실온이 낮에는 일반적으로 외기온도 보다 낮고 밤에는 반대로 외기온도 보다 높아, 실온의 일변화가 외기온도의 일변화에 비해 완화되고 있다. 바꿔 말하면, 지붕이나 외벽이 외기온도에 따른 실내 온도의 변동을 조절하고 있는 것이다. 그런데 이러한 조절 능력은 주택구조체의 재료의 열적특성과 깊은 관계를 갖고 있다. 열전도율이 작고(단열성이 높고), 용적비열(비열×밀도)이라 불리는 단위체적당 열용량이 큰 재료가 실내기후의 조절 능력이 크다. 열용량이 크면, 낮에는 온도상승이 어렵고 밤에는 온도하강이 어려워 온도 조절 효과가 있는 것이다.

목질재료가 어느 정도 실내온도를 조절할 수 있는가를 알아보는 것은 매우 재미있는 일일 것이다. 이는 목질재료로 모형 주택을 만들어서 실온변동비(실온의 일교차와 외기온의 일교차의 비)를 비교하면 알 수 있는데, 실온변동비가 1이라는 것은 실온의 일교차와 외기온의 일교차가 같은 것으로서 실온 조절 효과가 없는 것을 나타내며, 0은 실온이 하루종일 변하지 않아 조절 효과가 완벽함을 말한다. 벽체의 두께가 수센티미터로 얇을 경우, 모든 재료의 실온변동비는 1에 가까워 실온 조절 효과가 없으며, 적어도 두께가 5cm 이상은 되어야 효과가 현저하게 나타나기 시작한다. 그리고, 열전도율이 작은 글래스울 등의 단열재보다 열전도율이 큰 콘크리트 등의 재료가 실온변동비가 크고, 온도 조절 능력이 떨어지는 것을 알 수 있다. 특히 목재의 경우에는 실온변동비가 타재료에 비해 극히 작아, 온도 조절 능력면에서 매우 우수한 재료임을 알 수 있다. 예를 들어, 두께 10cm의 목질재료의 실온변동비가 두께 20~25cm의 콘크리트의 실온변동비에 상당하므로, 목재의 실온 조절 능력이 우수함을 단적으로 보여주고 있다.

표 7-2. 목조주택과 철근 콘크리트(RC) 주택의 온난환경비교

	열용량	기밀성	온도일교차	겨울평균기온	여름평균기온
RC조	대	소	소	대	대
목조주택	소	대	대	소	소

그림 7-10. 단열성능이 뛰어난 목조주택의 벽체

그러면 왜 목질재료가 이처럼 온도 조절 능력이 우수한 것일까? 앞에서 언급하였지만, 주택구조체의 재료로서 열전도율이 작고 용적비열이 커야만 온도 조절 능력이 크게 나타난다. 일반적으로, 열전도율이 작은 재료는 밀도가 작고 용적비열도

작다. 또한 밀도가 크고, 이로 인해 용적비열이 큰 재료는 열전도율이 커서 주택구조체의 재료로서 부적당하다. 그러나 목질재료는 열전도율이 글래스울 등의 단열재에 필적할 정도로 작으면서 용적비열은 흙벽 정도로 매우 크다. 이러한 특성때문에 목재가 우수한 실내온도 조절 능력을 갖추게 되는 것이다.

동일한 실내환경 유지를 위한 목조주택과 벽돌조 주택의 에너지 소모량 비교에서 목조주택이 더울 때(여름)나 추울 때(겨울)나 항상 적은 에너지를 소비하며 연평균 에너지 절감량은 약 26%에 달하는 것으로 조사되었다. 목조주택 벽체의 실내외면 온도를 벽돌조 주택의 벽면과 비교하면 실내면의 온도는 목조주택에서 더 높았으나 실외면의 온도는 목조주택에서 더 낮게 측정됨으로서 목조주택에서 온도경사가 더 크게 나타났다. 이는 목조주택 벽체의 단열성능이 벽돌조 주택보다 우수함을 나타내는 것이다(표 7-3 참조).

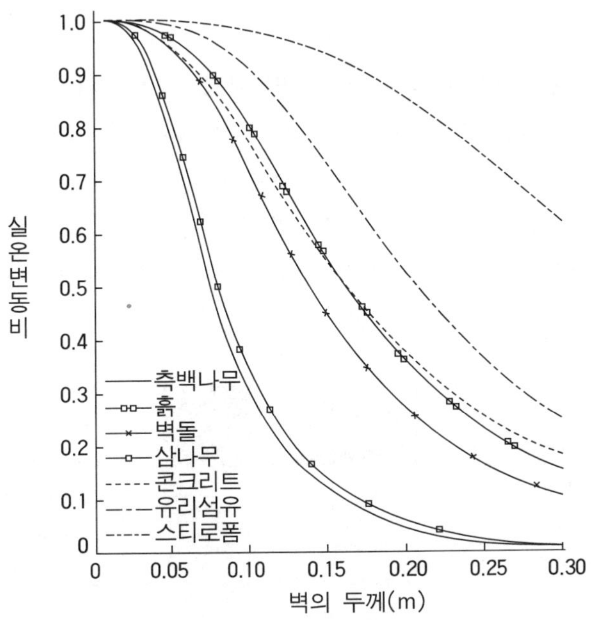

그림 7-11. 각종 재료의 실온 변동비

표 7-3. 목조주택과 벽돌조 주택의 U(열전도율)값 및 열손실

구 조 부	U값		열손실(Btu/hr)	
	목조주택	벽돌조 주택	목조주택	벽돌조 주택
벽	0.06	0.17	1533	4320
천 정	0.08	0.08	946	946
바 닥	0.05	40.00	591	2360
문	0.45	0.45	605	605
창 문	1.02	1.24	2570	3298
외부공기 유 입	0.018	0.018	1490	2359
합 계			7735	13888

(2) 목재와 습도환경

실내의 습도환경은 쾌적한 생활과 신체의 질병 그리고 위생면에서 대단히 중요한 요소이다. 목재는 대기중의 습도에 따라서 수분을 흡습하거나 방습하는 성질을 갖고 있다. 따라서 목재로 구성된 실내의 습도변동은 다른재료에 비해 상당히 줄어들게 된다. 이러한 습도조절 효과는 목재의 두께가 두꺼울수록 더욱 크게 나타난다. 습도조절에 적합한 목재의 두께는 습도의 변동주기에 따라서 달라지며 변동주기가 길수록 더 두꺼운 목재가 요구된다.

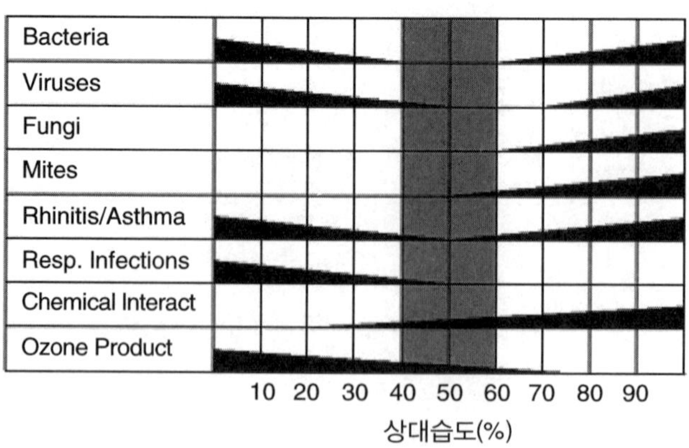

그림 7-12. 건강에 좋은 상대습도의 수준

여러 가지 내장재료들 중에서 목재 및 목질재료의 조습성능이 가장 우수하기 때문에 실내에 노출되는 목재의 양이 많을수록 바람직한 습도환경을 제공하게 된다. 실내의 가장 바람직한 상대습도 범위는 60% 정도를 유지하는 것이다.

주택내부에서 시간의 경과에 따른 온도와 상대습도의 변화에서 보면 그림 7-13에서 보듯이 목재내장의 경우 외기 및 다른 내장재에 비해 항시 일정한 상대습도를 유지함으로써 쾌적한 실내환경을 제공한다. 특히 주택의 단열화와 기밀화로 인하여 주택내부에서 일상생활을 통하여 발생되는 수분의 배출이 어려워짐에 따라 내장재료에 의한 조습성능이 더욱 필요하다고 할 수 있다. 쾌적한 실내조건을 유지하기 위한 실내의 습도조절을 위해서는 가능하면 많은 목재 및 목질재료를 실내에 사용하고 자주 환기를 실시하여야 한다.

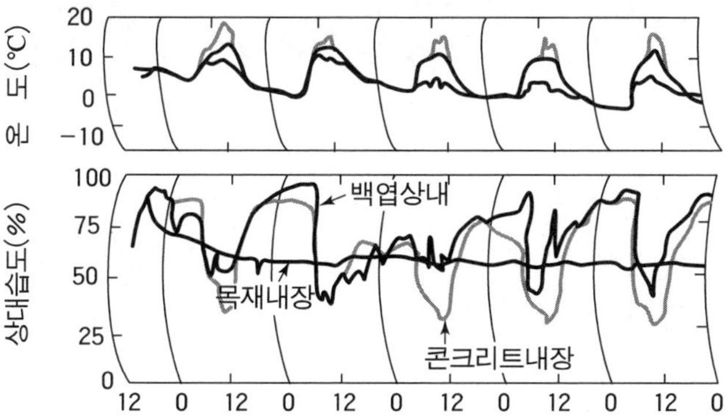

그림 7-13. 주택내부의 시간에 따른 온습도변화

2) 목재와 음환경

소리는 우리가 들을 수 있는 가청역의 소리와 우리가 들을 수 없는 초음파역의 소리로 나눌 수 있다. 20～30kHz 범위의 초음파음은 주로 자연의 소리에 풍부하게 포함되어 있으며 사람의 심신을 상쾌하게 하여주는 효과를 나타낸다. 목조주택은 콘크리트주택에 비하여 차음성이 떨어지지만 초음파 역의 음만이 통과되어 실내로 전달되는 특성을 지닌다. 따라서 목조주택은 실내에서도 자연의 풍부한 초음파음을 듣게 되어 주택의 소음환경에 대한 만족도가 콘크리트주택에 비하여 높다. 또한 목재는 도로변의 방음벽에 사용되어 차음성이 뛰어난 환경친화적인 생태재료로 자리잡고 있는 것이다.

그림 7-14. 주택의 방음벽으로 사용되는 목재

목조주택과 콘크리트주택 사이에는 음의 울리는 형태가 다르다는 것은 음향효과를 분석해 보면 잘 알 수 있으며, 이 두 가지 서로 다른 구조의 주택간에는 실내음의 반사, 흡음 및 감쇄 특성이 틀리게 나타난다. 충격음이 발생하였을 때 시간경과에 따른 음의 감쇄를 비교해 보면 목조 공간 내에서 음은 콘크리트주택에 비하여 빠른 시간 내에 흡음되어 감쇄됨으로써 잔향시간이 짧게 나타난다. 이는 콘크리트 건물은 딱딱한 면에서 음의 반사가 오래도록 계속되기 때문이며, 목조주택을 구성하는 목질계 재료들이 콘크리트주택의 구성재료들보다 흡음율이 높다는 사실에 기인한다. 높은 흡음특성을 갖는 목질계 재료가 있는 공간에서는 목재가 거의 모든 주파수 대의 소리를 흡수하는 비율이 높기 때문에 발생한 음의 잔향시간이 짧아 내부의 소리가 명쾌하게 들리게 된다. 전통구조인 사찰에서 스님들의 독경소리나 목탁소리가 청아하다는 느낌을 받는 것도, 전통한옥에서 사람을 부르는 소리가 또렷하게 들리는 것도 이 때문이다. 반면 대형성당에서 소리가 울리게 들리는 것은 콘크리트나 석조계통의 공간은 소리가 반사되는 율이 높아 잔향시간을 늘려주어 반사되는 음이 서로 섞이게 되면서 그 자체가 새로운 음으로 되기 때문이다. 이런 경우 장엄한 느낌을 받게 된다.

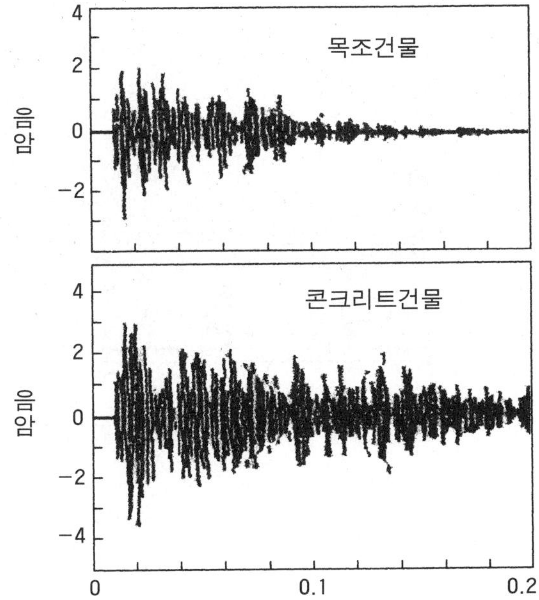

그림 7-15. 목조와 콘크리트 건물에서 음의 감쇄

주거환경 중에서 가장 큰 불만요인이 소음환경이다. 외부로부터의 소음에 대하여 조사한 바에 따르면 콘크리트주택에서 불만족도가 높으며 윗층으로부터의 충격음에 대하여는 목조주택이나 철골조주택에서 불만족도가 높게 나타난다. 콘크리트주택에서 외부로부터의 소음에 대하여 불만족도가 높은 것은 비록 차음성은 좋지만 주택건축재료의 흡음성이 나쁘고 실내에서의 잔향시간이 길기 때문인 것으로 생각된다. 목조주택의 건축자재들은 흡음률이 높으며 실내의 음이 울리지 않고 빠른 시간내에 감쇄되며 잔향시간이 짧다.

윗층으로부터의 바닥충격음은 목조주택에서 불만족도가 높게 나타나는데 주로 보행이나 어린이들의 놀이, 가구나 물건의 이동 등에 의하여 충격음이 발생된다. 목조주택의 바닥충격음은 바닥의 진동과 아울러 아래층 천장이나 벽체의 진동으로 전달된다. 목질재료 중에서는 작은 입자로 구성된 판재의 차음성능이 우수하다. 목조주택에서는 구조를 바꾸거나 차음층의 설치, 완충작용을 하는 바닥층의 설치(띄운 바닥) 등을 통하여 바닥충격음을 요구 적정 수준까지 낮출 수 있다.

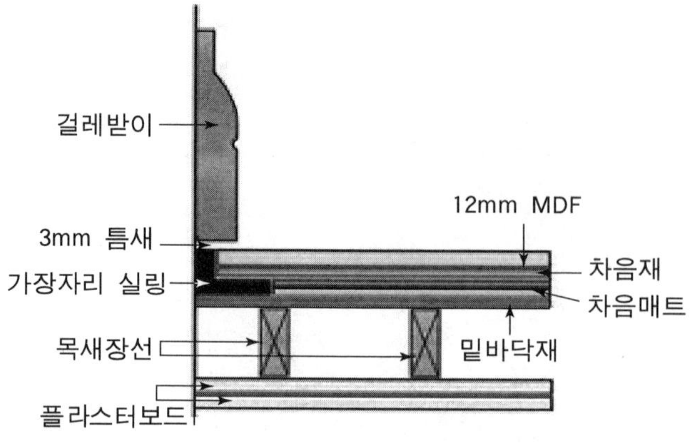

그림 7-16. 바닥충격음을 줄이기 위한 목조주택의 차음구조

3) 실내공기 환경의 문제점

대부분의 현대인은, 하루의 80% 이상을 에너지 절약을 위해서 고도로 밀폐된 실내에서 생활하고 있으며 이러한 밀폐된 실내는 외부와의 공기 순환이 어렵고 각종 먼지, 세균, 유해가스, 냄새 등에서 오히려 실외의 공기보다 오염도가 3배이상 높다는 결과가 나와 있다. 최근의 주거나 빌딩은 실외의 영향을 거의 받지 않도록 기밀성이 우수하지만, 한편으로는 주의하지 않으면 환기가 나빠져서 실내에서 발생한 곰팡이나 진드기, 담배연기, 여러 가지 화학물질 등이 밖으로 나가지 않아 실내공기 환경의 악화에 의해 거기서 생활하고 있는 사람의 건강이 손상되는 것을 새집증후군(Sick House Syndrome)이라고 부른다. 이 증후군은 건물에 사용된 자재나 페인트로부터 나오는 휘발성 유기화합물(VOC), 포름알데히드(HCHO) 등의 화학물질이 사람에게 두통, 알레르기 등의 각종의 질병을 가져오는 생활공해이며, 특별한 질병이 없었던 사람이 새 주택이나 수리한 집에 살기 시작한 다음, 두통, 아토피성 피부염, 호흡 혼란, 피로, 천식, 비염 등을 병을 앓는 케이스를 주위에서도 흔히 볼수 있다(표 7-4).

표 7-4. 실내공기 중의 화학물질과 발생원 및 피해 증상

오염물질	주요발생원	인체에 미치는 영향
먼지	환기에 의한 대기중의 먼지의 유입 (또는 내부 발생)	규폐증, 진폐증, 탄폐증 등
담배연기	직간접적인 흡연	두통, 피로감, 기관지염, 폐렴, 기관지 천식, 폐암
연소가스 (CO, NOx, SOx)	각종 난방 기구, 자동차 배기가스	만성 폐질환, 기도 저항 증가에 의한 중추 신경에 영향
라돈	콘크리트, 흙, 지하수, 화강암	폐암
포름알데히드	각종 베니어판 및 가구, 단열재, 화장품	목, 코, 목의 자극, 현기증, 기침, 정서 불안, 기억력의 저하
석면	절연재, 단열재, 석면 타일	피부 질환, 호흡기질환 석면증, 폐암
미생물발생원 (곰팡이, 박테리아)	가습기, 에어콘, 냉장고, 애완동물, 방향제	피로감, 정신착란, 두통, 구토 현기증, 중추신경 억제 작용
유기용제	페인트, 접착제, 스프레이, 세탁소 세척제, 왁스	피로감, 정신착란, 두통, 구토 현기증, 중추 신경 억제 작용
악취	각종 악취 물질	식욕 감퇴, 구토, 알레르기불면증, 정신착란

주택 건자재로 주로 사용되는 목질재료가 실내에 내장재료로 사용될 경우에 실내공기 질과 연관된 가장 큰 문제는 발산되는 톨루엔, 키실렌, 포르말린 등의 휘발성 유기화합물에 의한 공기오염의 문제이다. 특히 요소계의 수지를 사용한 경우에는 방산에 따른 심각한 문제가 초래될 수 있다. 방산된 포르말린을 흡입하거나 접촉할 경우 강한 자극이 생체에 전달되어 발산된 농도에 따라 여러 가지 장해를 일으키므로 현재 세계 각국에서는 포르말린 방산량을 줄이고자 하는 끊임없는 연구와 노력이 이루어지고 있으며 새로운 개념의 친환경적인 목질건자재가 등장하고 오염원을 줄이고자하는 데에 많은 노력이 집중되고 있다.

시크 하우스 증후군의 주요 원인으로 주목받고 있는 포름알데히드나 톨루엔, 크실렌, 파라디클로로벤젠 등의 휘발성 유기화합물(VOC)에 대하여 일본의 경우 후생 노동성에서는 다음의 화학물질에 대해서, 실내농도 지침치를 제시하고 이를 통

해 실내공기 질에 관한 엄격한 관리를 하고 있다.

표 7-5. 화학물질 발생원 실내농도 지침치(평성 15년 4월 1일 현재)

화학물질	주 용 도	실내농도 지침치
포름알데히드	접착제 · 방부제	0.08ppm
톨루엔	접착제 · 도료의 용제	0.07ppm
크실렌	접착제 · 도료의 용제 · 가소제	0.20ppm
파라지크로로벤젠	의류용의 방충제 · 방향제	0.04ppm
에틸 벤젠	접착제 · 도료의 용제	0.07ppm
스틸렌	단열재	0.05ppm
아세트 알데히드	접착제 · 방부제 · 흡연	0.03ppm
다이아지논	살충제	0.02ppb

그림 7-17. 실내공기의 주요 오염원

궁극적으로 실내공기 오염을 막고 건강한 생활을 하기 위해서는 환기를 실시하여 실내의 공기와 밖의 공기를 바꿔 넣는 것이 중요하다. 환기가 안될 경우 실내의 공기가 가득차 버리면, 발생한 물질의 농도가 진해진다. 또 2개소 이상의 창을 열어 통풍도를 만들고 바람이 강할 때에는 5분 정도 창을 여는 것만으로도 공기는 바뀐다. 외출 등으로 긴 시간 실내공기가 닫혀 있을 경우 창을 열어 환기시켜야 하며 샤시나 도어에 환기용 소창이 있거나 벽에 환기구를 설치할 수 있는 경우는 이들을 개방해 자연환기를 할 수 있도록 하여야 한다. 한 연구원에 따르면 "한국의 실내공기 오염은 외국의 기준에 비해 몹시 심각한 수준"이라며 "공공 주택의 24시간 환기를 의무화한 일본과 같이 정책면에서의 대응이 긴급히 필요하다"고 한다. 결국 철저한 환기와 환경에 좋은 건축자재를 사용하는 것이 시크하우스 대책에 가장 중요한 것임을 잘 알아야 한다.

최근에는 건강에 대한 관심이 더욱 커지고 있고, 새로운 웰빙 키워드로 '친환경 건자재'가 등장하였는데 세라믹, 황토, 광촉매 등을 소재로 한 제품들이 경쟁적으로 시장에 출시되고 있다. 이 소재들을 벽면, 마루판 등에 코팅함으로써 인체에 유해한 오염물질의 배출을 막거나 분해할 수 있는 제품들이 많다.

3. 목재와 건강생활

1) 질병예방 및 치료효과

목재가 제공하는 주거환경은 사람들에게 최적의 주거공간을 만들어준다. 특히 우리나라와 같이 사계절이 뚜렷한 곳에서는 목조주택의 주거성이 다른 구조의 주택보다 우수한 것으로 알려져 있다. 과학문명의 발달한 더불어 다양성과 복잡성이 더해지는 현대사회에서 스트레스로 인한 질병이 증가하면서 주택의 휴양, 휴식 및 스트레스 완화기능이 매우 중요한 요소로 자리잡고 있다.

목재로 지은 목조건물이 건강에 좋을 것이라는 점은 잘 알고 있으며 의학적으로 구명한 바에 따르면 목재는 사람과 동물 모두에 무해한 재료라는 것이 밝혀졌다. 목재, 콘크리트, 금속제의 세 가지 사육상자를 이용하여 쥐를 사육한 실험에서 10일 후 금속제 상자의 경우 50%, 콘크리트 상자의 경우 90%가 사망한 것으로 나타났으나 목재상자 내에서 사육한 경우에 사망률은 10% 정도로 나타나 목재상자의 경우 성장이나 번식이 정상적으로 진행되었으나 다른 두 가지 사육상자에서는 모두 이상이 관찰되었다(그림 7-18). 이는 콘크리트나 금속제 상자의 온도 및 습도환경이 새끼쥐의 성장이나 어미쥐의 번식에 좋지 않은 주거환경을 제공함으로써 이로부터 과도한 스트레스를 받기 때문인 것으로 생각된다.

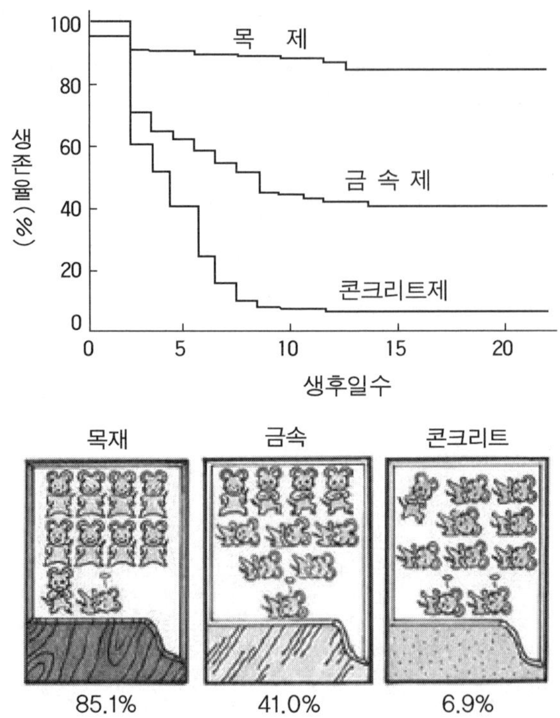

그림 7-18. 사육상자의 종류에 따른 쥐의 생존율

목재에는 많은 추출성분들이 존재하며 이들 중의 일부가 향으로 발산된다. 목재의 향에는 여러 가지 생리활성 물질들이 포함되어 있으며 사람들은 삼림욕을 통하여 그 효과를 인체에 받아들고 있는 것이다. 목조주택은 주거공간 내에서 항상 삼림욕의 효과를 누릴 수 있는 주거공간을 제공한다. 목재의 추출성분은 신체의 활성을 증가시키고 숙면을 취하게 하며 인체의 신진 대사를 촉진시킴으로써 피로회복을 빠르게 하고 혈액순환을 좋게 하며 맥박이나 혈압을 안정시키는 효능을 지니고 있다. 그러나 이러한 추출성분의 효능을 자연상태의 숲에서 형성되는 1ppm 이하의 농도에서 가장 높은 효과를 나타내고 과도한 인위적인 농도는 오히려 건강에 해를 끼칠 수 있다. 목재의 추출성분은 곰팡이나 세균의 번식을 억제하는 효과도 지니고 있다.

주거환경이 수명에 미치는 영향에서도 일본에서 조사된 자료에 따르면 목조율이 높은 지역에 사는 사람의 유방암 발생률이 현저히 감소하는 것을 볼 수 있으며(그림 7-19), 다른 질병의 경우에도 마찬가지 양상을 나타낸다고 추정해 볼 수 있다.

또 아파트에 사는 사람은 목조에 사는 사람보다 9년이나 일찍 죽는 것으로 조사되어 다시 한번 목재는 인간의 주거환경 재료로서 최적의 재료임이 과학적, 의학적으로 밝혀진 셈이다.

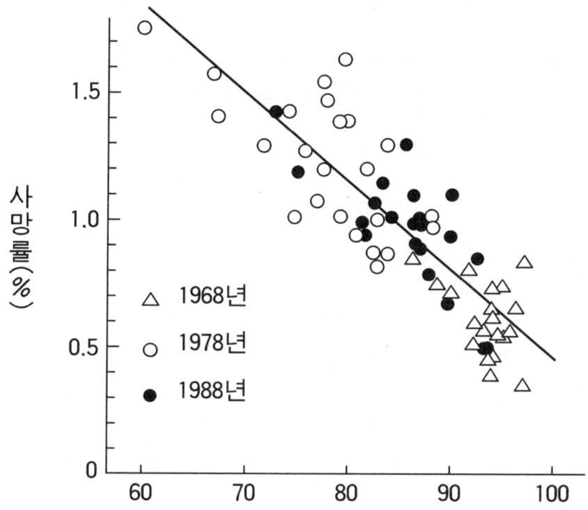

그림 7-19. 목조율과 유방암에 의한 사망률과의 관계(일본)

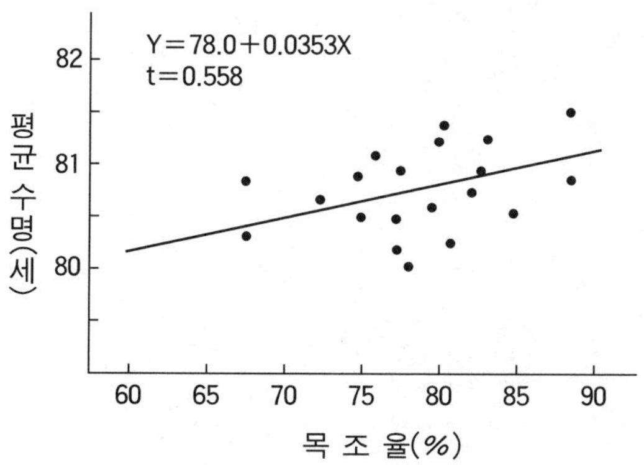

	목조주택	철근콘크리트주택
사망평균연령	63.5	52.4
사망평균연령 (사고제외)	66.1	57.5

그림 7-20. 목조율과 평균수명과의 관계(일본)

2) 노동환경과 목재

현대에는 과학문명의 발달과 더불어 노동환경도 변화되고 있다. 최근의 노동환경의 변화를 살펴보면 육체노동보다 시각노동이 증가되고 작업의 자동화로 동적 시각자극이 증가되었으며 여러 가지 화학적 및 외적 자극으로 인하여 눈의 피로가 늘고 있다. 무엇보다도 사무실에 근무하는 샐러리맨이나 여자사무원도 보이지 않는 콘크리트 스트레스에 몸이 맡겨져 있다. 무서운 것은 신체생리적인 면 뿐만 아니라 정신면까지 중대한 영향을 받고 있는 것이다. 또한 24시간 일관된 작업공정은 생체의 자연스러운 리듬을 깨뜨려 신체의 자율조정 기능을 상실케 한다. 특히 현대에 들어서 사무자동화에 따른 동적 시각자극을 초래하는 작업이 많아지면서 각종 물리화학적 요소에 따라 눈의 피로가 가중되고 있다. 이러한 환경을 극복하기 위해서는 목질재료를 내장재로 사용하는 것이 바람직한 해결책이 될 수 있다. 목재가 많이 사용된 실내환경은 자외선이나 빛의 자극에 의한 눈의 피로를 많이 줄여준다.

그림 7-21. 노동환경에 이상적인 목조로 된 사무실

또 노동환경에서 바닥의 마감재료는 눈과 신체의 피로뿐만이 아니라 노동생산성에도 영향을 주고 있다. 이는 목재바닥, 콘크리트바닥, 비닐타일바닥 위에서 작업하는 사람의 발바닥, 무릎 및 허벅지의 체온변화 측정을 통해 증명되는데 목재바닥이 가장 온도변화가 적고 콘크리트바닥에서 가장 큰 변화를 보여 콘크리트 바닥에서 작업하는 경우 가장 피로도가 크게 나타난다고 생각된다. 여기에다 실내에서 목재의 적절한 향은 신체활성을 높여주고 근로의욕을 향상시켜 노동생산성의 향상으로 이어진다. 이는 목재의 방향성 유기화합물인 추출성분에 기인한 것이며, 결론적으로 목재를 사용하는 것은 자연적인 주위환경조건에 다가가는 것이며 이를 통해 최선의 노동조건을 제시할 수 있을 것이다.

3) 교육환경과 목재

목재와 교육환경에서 교육과 관련된 것으로는 교육환경을 구성하는 목질재료와 교재로 사용되는 목질재료로 구분하여 살펴볼 필요가 있다. 우선 교육환경면에서 금속이나 콘크리트, 플라스틱 제품으로 구성된 환경은 매우 차가운 느낌을 주는 반면 목재는 부드럽고 따스한 느낌과 함께 마음의 안정을 찾게 한다. 일본에서 독감유행에 의한 학급 폐쇄율을 비교해보면 목조교사의 학급은 10.8%인데 비하여 콘크리트교사는 22.8%, 게다가 콘크리트교사의 어린이들의 심신이상은 목조교사에 비하여 피로 3배, 초조 7배, 두통 16배, 복통 5배 등의 참담한 현상을 나타내었다고 보고하고 있다. '피곤하다, 지루하다' 와 같은 현대의 어린이들의 이상의 원인에는 콘크리트 스트레스가 있는 것이다. 이와 같은 스트레스에는 콘크리트 교실은 발부

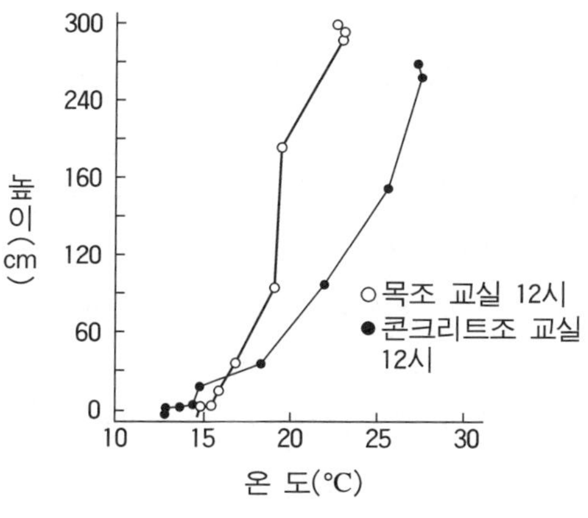

그림 7-22. 목조와 콘크리트 교실의 온도분포 양상

분은 차갑고 머리부분은 30°C까지 올라가 화끈거리는 느낌을 주는 환경을 제공하지만 목재로 된 교실은 높낮이에 따라 약간 차이는 있으나 교실 전체가 고루 따뜻하여 온화한 느낌을 주게되어 상대적으로 받는 스트레스가 덜한 것으로 나타난다.

또 콘크리트 학교건물은 목조 학교건물에 비하여 소리가 울려서 시끄럽고 분명하게 들리지 않으며 차갑고 딱딱하며 미끄럽고 습기가 많다. 이로 인하여 학생들은 안정을 잃고 교사들은 더욱 피로를 느끼게 된다. 이를 해결하기 위해 학교시설에 목재와 목질재료를 많이 사용하면 좋은 결과를 얻을 수 있다. 또한 목질재료는 결로를 방지하고 미끄러움을 막아주며 여러 가지 사고와 이로 인한 상해의 가능성을 감소시켜 최적의 교육환경을 제공할 수 있다.

그림 7-23. 맨발로 뛰어노는 목재 교실

한 연구결과에 따르면 대부분의 교사들과 학생들은 교육시설이나 교재로서 목재를 선호한다고 한다. 이는 '밝음', '자연적임', '인간적임', '따스함', '생동적임'이라는 목재가 갖는 감성인자로부터 나온 것이다. 감성을 따뜻함(warm), 차가움(cool), 딱딱함(hard), 부드러움(soft)로 구분하여 직교좌표상에 살펴보면 부드럽고 따뜻함(SW)영역은 신체 주변에 사용되는 재료가 많고 차갑고 딱딱함(CH)영역에는 건축구조재료가 많음을 볼 수 있다. 하지만 목재는 건축구조재료 중 SW영역에 가장 가깝게 위치한다. 이 때문에 우리는 목재로부터 따스하며 친근한 느낌을 받는다. 교육현장에 많은 목재가 사용됨으로써 안정감을 느끼게 되고 불협화음이 없어지며 교사와 학생의 생리적 및 정서적 안정에도 도움이 될 것이다.

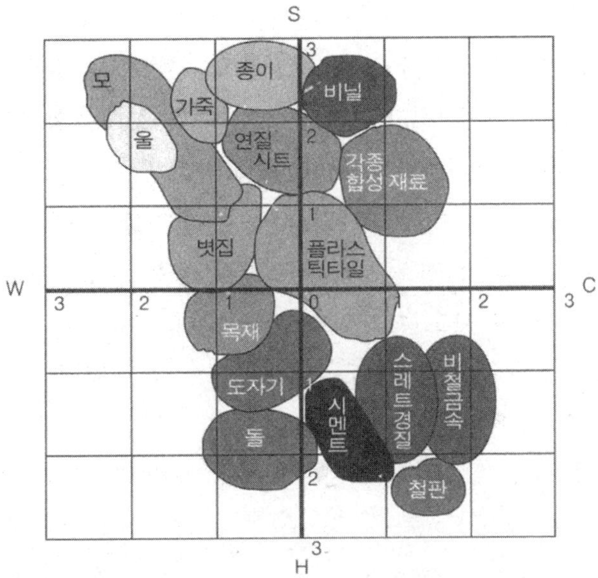

그림 7-24. 각종 재료에 대한 감성

그림 7-25. 학교 건물은 목조로-목조로 구성되는 학교

교육용 재료로서 목재는 학생들에게 나무의 부드러운 질감과 향을 느끼게 해주며 창의적인 사고력 증진에도 도움이 된다는 연구 결과가 있다. 특히 인격형성시기인 유아기에 조형놀이의 범주에 속하는 작업, 즉 목재로 된 교육용재료를 자체적으로 만들어보고 이용하는 데서 오는 만족감과 성취감, 이를 통해 터득한 지혜는 유아의 정신생활을 풍요롭게 하고 인식의 확대를 촉진시킴으로써 전인교육적인 측면

에서도 교육적 가치가 매우 높은 것으로 생각된다. 일본의 경우 각급학교에서 목재를 교육용 재료로 활용하는 교과가 다수존재하며 이를 위한 교과과정과 교재개발에 많은 노력을 기울이고 있어서 우리나라 교육환경의 개선에도 많은 참고가 될 것으로 보인다.

그림 7-26. 정서함양에 좋은 영유아용 목재 교구

그림 7-27. 목재를 통해 건강하고 쾌적한 삶을 추구하자

〈참 고 문 헌〉

1. Hokkaido Forest Research Institute.
2. 산림청. 목재가 인체 및 주거생활에 미치는 영향. 산림청 보고서.
3. 서울대학교 농업생명과학연구원, 한국목재공학회. 2004. 실내공기질 관리법과 목질제품, 무엇이 문제인가? 2004. Symposium Proceedings.
4. 엄영근 역. 2004. 콘크리트 주택에서는 9년 일찍 죽는다. 한국목재신문사.
5. 정희석. 1986. 목재이학. 서울대학교 출판부.
6. 한국목재신문사. 2003. 실내공기질 관리법과 업체의 대응전략. 세미나 자료집.
7. 황의도. 2003. 목공놀이 활동이 유아의 창의성 및 인지양식에 미치는 효과. 전북대학교 대학원 석사논문.
8. 岡野 健 외. 1995. 木材住居環境ハンドブシグ. 朝倉書店.
9. 高橋 徹, 鈴木正治, 中尾哲也. 2005. 環境－木材科學講座 5(第 2版). 海青社.
10. 葛西 章. 木材の良さについて　その2－人間にも優しい木にもつと親しんでほしい.
11. 山1田 正. 1987. 木質環境の科學. 海青社.
12. 日本木材學會編. 1995. すばらしい木の世界. 海青社.
13. 日本木材學會編. 1996. 木材の科學と利用技術 IV－1. 21世紀の社會と木材利用. 日本木材學會.
14. 日本木材加工技術協會. 1992. 木材の基礎科學. 海青社.

제 8 장 디지털시대의 종이

오늘날과 같은 인류 문명의 발달은 문자발명과 함께 종이 및 인쇄술의 발명으로 인하여 이루어졌다. 인류는 문자를 기록하기 위해 여러 가지 기록매체를 개발하여 사용하여 왔으나 그 중에서도 가장 뛰어난 기록매체는 종이의 발명이다. 인간이 종이를 발명함으로써 인류의 문명은 비약적으로 발전할 수 있었으며 인류의 역사를 후손에게 전달할 수 있었다. 또한 인류는 우수한 문화와 기술을 여러 사람에게 전파시킬 수 있게 되었다.

오늘날 문화가 발달함에 따라 인류의 종이사용량은 증가하게 되었으며, 인류의 종이의 사용량이 문화발달의 척도로 이용되고 있을 정도로 문명의 발달과 밀접한 관계를 가지고 있다. 우리나라의 종이 사용량을 살펴보면 1970년대 1인당 국민소득(GNP)이 590달러이던 시대에 1인당 종이소비량은 18.3kg에 불과하였으나 국민소득이 10,000$가 넘은 2005년에는 1인당 173kg을 소비하여 소득의 증가와 함께 종이의 소비량도 비약적으로 증가되었다. 2005년도 우리나라의 전체 종이 소비량은 1000만t이며 돈으로 환산하면 10조원 규모로 세계 8위의 종이 소비국으로 비약적인 발전을 하게 되었다. 한편, 선진국의 종이 일인당 소비량을 살펴보면 미국 324kg, 벨기에 350kg, 일본 247kg으로 우리보다 매우 높게 나타나고 있다. 이는 우리나라가 선진국으로 다가갈수록 종이소비량이 더 큰 폭으로 증가될 것으로 예측되고 있다.

종이는 정보를 기록하는 기능, 물건을 포장하는 기능, 물을 흡수하는 기능, 오염된 물질을 닦는 기능 등 여러 가지 고유의 기능을 가지고 있다. 오늘날 종이는 과학기술발달과 더불어 여러 가지 신기술과 복합화하여 기능성 종이, 의복과 피복의 소재, 예술용도 등의 새로운 기능이 계속 창조되고 있다. 이와 같이 다양한 기능을 가진 종이는 정보매체, 포장재료, 사무용품, 생활용품에 이르기까지 우리생활의 곳곳에서 많은 편의를 주고 있다.

1. 종이와 기록문화

1) 종이의 기원과 역사

인류는 문명이 발달함에 따라 인간의 생각을 보관하고 전승할 수 있는 기록재료를 가지고자 많은 노력을 경주하였다. 고대 문명이 발달한 지역은 각 문명권이 위치한 환경에서 제공되는 각종 기록매체들이 발달하였다. 고대문명 지역의 대표적인 기록재료를 살펴보면 인도문명의 패다라, 메소포타미아 문명의 점토판, 이집트문명의 파피루스, 지중해 문명의 양피지, 그리고 중국 문명의 갑골문, 죽간/목간 등이 탄생하게 되었다. 그러나 이러한 기록재료들은 기록이나 보관을 하기에 종이보다는 번거롭고 무거우며 한시적인 한계성을 가지고 있었다.

종이의 어원인 페이퍼는 4천년 전인 고대 이집트인이 기록매체로 사용했던 파피루스로부터 유래한 것이다.

파피루스(papyrus)는 나일강가의 갈대와 같은 식물의 외피를 붙여 만든 것으로 종이와 매우 가까운 기록지였다(그림 8-1).

그림 8-1. 파피루스에 쓴 기록문화－종이의 기원

그러나 파피루스는 갈대를 붙여서 만들어진 종이라 엄밀한 의미의 종이라 할 수 없었다. 인류 최초의 종이 발명은 AD 105년에 중국의 채륜에 의해 인피섬유와 넝마를 원료로 하여 만든 종이로 알려지고 있다.

그러나 일부학자들은 채륜이 제지술을 발명하기 이전에도 중국에 종이가 있었다고 주장하면서 채륜은 종이의 발명자가 아니라 선구자들이 이미 발명한 마지(삼이나 천 등의 섬유)를 원료로 하여 만든 종이 제조기술을 집대성하여 고품위의 종이를 만드는 기술 혁신자라고 주장을 하고 있다. 이러한 주장은 유감스럽게도 이를 뒷받침할 만한 좀 더 상세한 문헌이나 유물이 발견되고 있지 않기 때문에 정설로는 되지 못하고 있다.

우리나라에 종이 제조기술이 들어온 것은 4세기경 고구려 소수림왕 372년에 불교의 전래와 함께 이루어진 것으로 알려져 있으나 정확한 연대는 알 수가 없다. 고구려 소수림왕 2년(372)에 우리나라에 처음으로 불교가 전래되고 중국식 학교인 태학의 설립 되었다는 역사적 사실로 미루어 이 시대에 불경 외에 유서, 역서, 의서 같은 서적도 전해졌으며, 새로운 지식전파를 위한 많은 서적이 필요하였을 것이라 추측된다. 따라서 여기에 소요되는 다량의 종이가 필요할 것으로 생각되어 그 이전부터 국내에 종이가 있지 않았을까 하고 추정할 수 있을 뿐이다.

우리나라는 지리적으로 중국 대륙과 인접해 있고 중국과 문물의 교류가 활발했기 때문에 중국에서 발명된 제지술이 우리나라에 전래되는데 오랜 세월이 걸리지 않았을 것이라는 추측되고 있다. 그러나 우리나라의 종이제조기술의 도입연대나 도입 경위를 밝혀줄 만한 자료가 발견되지 않았기 때문에 종이의 전래 연대는 미상인 상태로 오늘에 이르고 있다.

일본은 7세기 초인 서기 610년 고구려 영양왕 21년에 담징에 의해 제지술이 전수된 것으로 일본의 고사기에 기록 되어 있다.

한편, 중국에서 발명된 종이제조 기술은 715년 중국과 사라센왕국과의 전투인 탈라스 전투 이후에 포로로 잡힌 중국의 제지기술자에 의해 아랍으로 전해졌으며, 아랍인에 의해 비단길을 따라 중앙아시아를 거쳐 서양으로 전파되었다. 유럽에 전해진 종이 제조기술은 오랜 기간 동안 목재가 아닌 면이나 넝마를 만들어 사용하였다. 유럽은 1450년 이후 독일의 구텐베르그가 성서를 일반인에게 널리 보급하기 위해 인쇄기를 발명하였으며, 인쇄기의 발명으로 인해 제지기술도 더불어 급속하게 발달되었다. 중세유럽에서는 인쇄술의 발달로 인하여 종이 소비량이 급격하게 증가하였으며 종이의 원료인 넝마가 부족하게 되었다. 이를 해결하기위해 많은 연구가 이루어 졌으며 드디어 1840년대 종이 원료로 목재를 이용할 수 있는 펄프 제조법을 개발하게 되었다.

오늘날과 같은 근대적 종이 제조법은 프랑스의 루이 로베로(Louis Robert)가 기계적 초지기를 발명한 것이 그 시초가 되었다(그림 8–2).

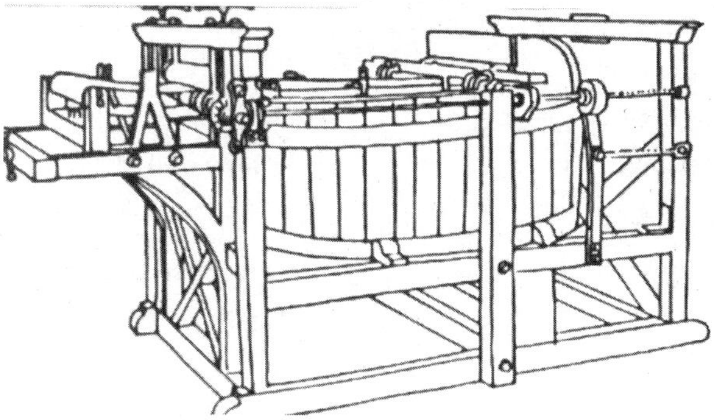

그림 8–2. 루이로베로가 만든 최초의 기계식 초지기

그전에는 동서양을 막론하고 손으로 종이를 뜨는 수초지를 주로 사용하였다. 그 후 초지기에 대한 개발이 꾸준히 이루어져 1890년대 포드리니어 형제에 의해 와이어 아래에 진공과 탈수 설비가 도입된 오늘날과 같은 형태의 장망식 초지기를 발명하여 기계초지를 실현 시켰으며 그 후 종이의 생산량이 비약적으로 증가하게 되었다.

2. 종이는 어떻게 만드는가

1) 종이의 원료

종이의 원료인 펄프를 만들기 위해서 초본류와 목본류 등 다양한 재료가 사용되었다. 오늘날 종이의 원료는 98% 이상 목재로부터 만들어지며 이밖에도 대나무, 바가세, 목화, 케나프, 볏짚 등이 사용되고 있으나 그 양은 일부에 지나지 않는다. 제지용 펄프를 만들기 위해 사용되는 목재는 가문비나무나 분비나무가 주로 사용되어왔으나 최근에는 소나무 등 수지가 많은 침엽수를 비롯하여 포플러나 유칼리 등과 같은 활엽수도 많이 이용되고 있다.

종이의 원료인 펄프는 표 8–1에서 나타낸 바와 같이 제조방법에 따라 기계펄프,

반화학펄프, 화학펄프로 나누어진다.

표 8-1. 펄프의 종류

구 분		항 목
원료에 따른 분류	침엽수 펄프	NP(nadelholz pulp)
	활엽수 펄프	LP(laubholz pulp)
	볏짚펄프	St. P(straw pulp)
제법에 따른 분류	기계펄프	MP(mechanical pulp)
	쇄목펄프	GP(groundwood pulp)
	리파이너쇄목펄프	RGP(refiner groundwood pulp)
	가압쇄목펄프	PGP(pressure groundwood pulp)
	열기계펄프	TMP(thermomechanical pulp)
	화학쇄목펄프	CGP(chemigroundwood pulp)
	화학펄프	CP(chemical pulp)
	아황산펄프	SP(sulfite pulp)
	소다펄프	AP(alkaline pulp)
	크라프트펄프	KP(Kraft pulp)
	반화학펄프	SCP(semichemical pulp)
	중성아황산반화학펄프	NSSCP(neutral sulfite semichemical pulp)
	상성아황산반화학펄프	ASSCP(acid sulfite semichemical pulp)
	크라프트반화학펄프	KSCP(kraft semichemical pulp)
표백에 따른 분류	표백펄프	BP(bleached pulp)
	미표백펄프	UP(unbleached pulp)
용도에 따른 분류	제지용 펄프	PP(paper pulp)
	용해용 펄프	DP(dissolving pulp)

기계펄프는 목재에 기계적인 힘을 가해 마쇄시켜 만든 펄프로 목재성분 중에서 수용성 성분만이 제거되기 때문에 수율이 95% 이상으로 다른 펄프에 비해 훨씬 높지만 리그닌이 그대로 존재하여 펄프품질이 낮다. 기계펄프는 인쇄적 성질과 표백성이 불량하여 보관이 필요 없는 저급 인쇄용지나 신문용지로 주로 사용되고 있다.

화학펄프는 그림 8-3에서 보여주는 바와 같이 목재칩을 알칼리성 수용액 중에서 수시간 동안 170°C 온도에서 화학처리를 하여 목재조직 중에 존재하는 리그닌과 세포와 세포사이의 접착제인 리그닌을 제거하여 길이가 0.5～3mm 정도의 섬유 집합체인 펄프를 얻게 된다.

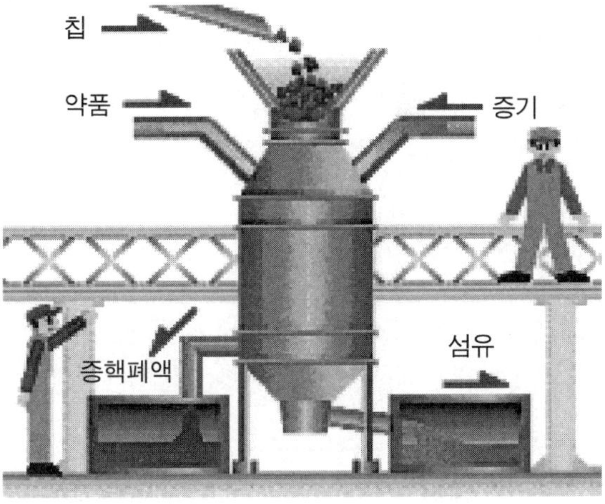

그림 8-3. 화학펄프 제조 시 증해공정 모식도

화학펄프는 수율이 40~50%로 수율이 다른 펄프보다 낮지만 리그닌함량이 매우 적으며 강도가 우수하여 품질이 뛰어난 고급종이의 재료로 널리 사용되고 있다(그림 8-4).

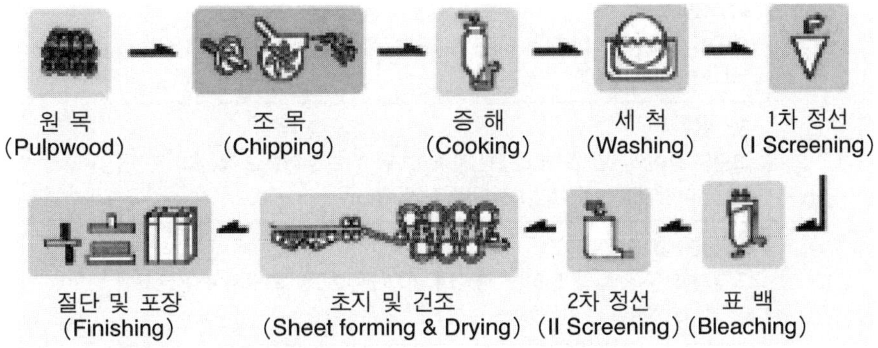

그림 8-4. 화학펄프 제조공정

반화학펄프는 목재를 화학약품으로 전처리를 하고 난 후 기계적인 힘을 이용하여 마쇄시켜 얻은 펄프를 말한다. 반화학펄프는 수율이 60～80%로 화학펄프에 비해 수율이 높고 약품소비량이 작으며 강도 등 품질도 기계펄프에 비해 우수해 고급 인쇄용지 제조 시 일부를 첨가 시키거나 중급지 등의 용도로 최근 그 소비가 증가하는 실정이다. 이밖에도 종이의 원료로 재생펄프 또는 고지가 사용되고 있다. 고지는 한 번 사용된 종이를 다시 재활용하여 만들어진 펄프를 말한다. 고지는 주로 신문지나 두루마리 화장지 판지의 내지 등 주로 저급지의 재료로 사용되고 있으며 자원절약과 환경문제 등에 의해 고지의 사용량이 매년 큰 폭으로 증가하는 실정이다.

2) 종이는 어떻게 만들어 지는가

종이는 원료인 표백된 펄프를 물에 풀어 체나 그물로 걷어 올려 물을 여과시켜 만드며 이를 "종이를 뜬다"라고 한다.

1. 펄프 만드는 과정 나무를 잘게 분쇄 정선하여 섬유를 추출하여 펄프를 만든다.
2. 원료조성 펄프를 물에 화학약품과 함께 넣어 혼합한 종이 원료를 만든다.
3. 초지 초지기로 종이를 떠서 건조하는 과정으로 종이 제작에 가장 중요한 부분이다. 탈수, 압착, 건조 과정
4. 코팅(도공) 종이에 코팅액을 바른다. 표면을 평활하게하여 인쇄적성을 높인다. 코트지-아트지계열
5. 광택 코팅된 종이의 표면을 매끄럽게 광택효과를 주고 두께를 조정한다. (흔히 다림질로 표현한다.) 칼렌더 작업
6. 절단 및 재단 고객의 요구에 따라 일정한 평량의 원지(권취지)를 재단하여 쉬트지나 골지로 만든다.

그림 8-5. 종이의 제조과정

종이의 제조과정 살펴보면 그림 8-5와 같다. 종이를 만들기 위해 여러 가지 과정을 거치게 되는데 그 과정을 살펴보면 먼저 지료를 조성하고 조성된 지료를 초지기로 이동하여 종이를 뜨는 초지공정, 만들어진 종이를 여러 가지 기능을 갖게 하기 위한 도공공정 등으로 크게 나눌 수 있다.

종이 제조를 위한 첫 번째 공정인 지료조성공정은 표백된 펄프를 물에 풀은 상태인 지료를 초지기에 보내기 직전에 종이의 성질을 개선하고 최종 생산하고자 하는 종이용도에 따라 요구되는 성질을 얻기 위해 각종 처리를 하는 공정을 말한다(그림 8-6).

지료조성공정에는 펄프를 물에 풀어주는 Pulper작업, 펄프를 세척하고 농축하는 정선공정, 리파이너나 비터를 이용하여 펄프를 절단하거나 피브릴화, 즉 표면에 털이 일어나게 하는 고해작업 등을 포함된다(그림 8-7, 8).

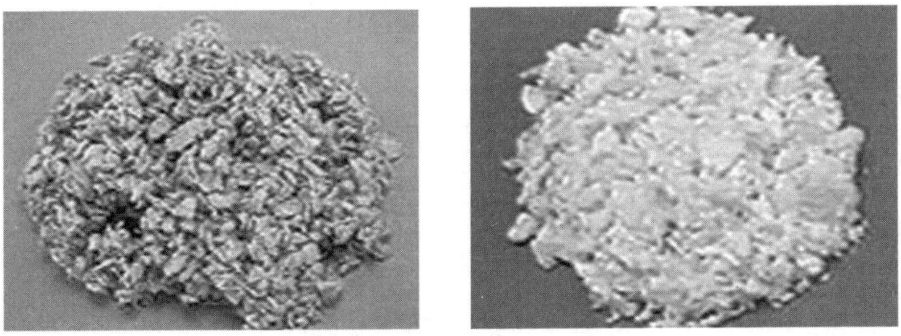

그림 8-6. 표백 전후의 화학펄프

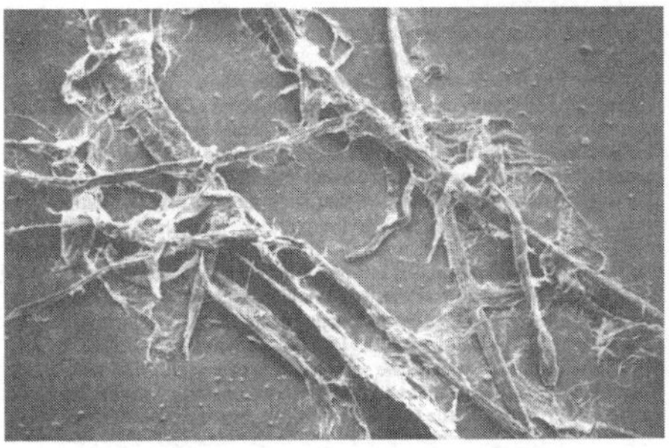

그림 8-7. 고해가 된 침엽수 표백 크라프트 펄프

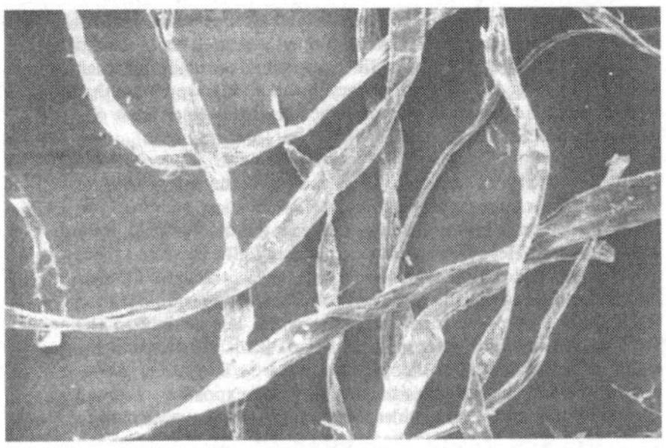

그림 8-8. 고해전 침엽수 표백 크라프트 펄프

종이는 여러 가지 성질을 개선하기 위해서 초지공정에 가기 전에 물에 풀은 펄프, 즉 지료 또는 펄프현탁액에 다양한 물질을 넣고 있다. 예를 들면 수성잉크로 종이에 글을 쓸 때 잉크가 번지지 않도록 하기 위해서 사이즈제를 첨가하며, 종이를 찢을 때 잘 찢어지지 않도록 하기 위해서 지력증강제를 사용한다. 이밖에도 종이를 구성하고 있는 섬유와 섬유사이의 빈 공간을 메워 주어 종이의 불투명성을 부여하고 종이 이면에 글자가 비춰지지 않도록 하기 위해서 돌가루인 충전제를 첨가한다. 이와 같이 조성된 펄프의 현탁액은 99%가 물이고 1%가 펄프섬유이다. 이렇게 만들어진 펄프현탁액은 초지공정으로 이동하게 된다.

초지공정은 종이를 뜨기 위해 조제된 지료를 헤드박스를 통하여 종이를 뜨는 공정을 말한다. 초지공정은 지료를 0.5～1%의 농도로 초지기로 보내져 중력과 진공에 의해 물이 탈수되면서 종이형태로 만들어지는 공정이다(그림 8-9).

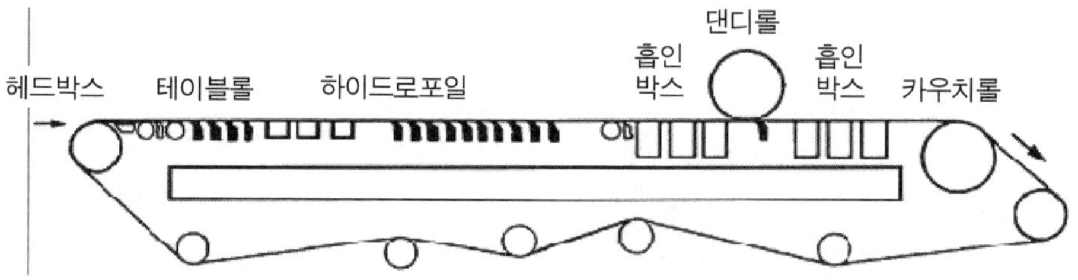

그림 8-9. 초지기의 와이어 부분

즉 물과 혼합된 지료를 와이어위로 일정한 두께와 일정한 속도로 뿜어주어 종이의 형태를 형성한 후 초지기를 따라 진행하면서 와이어 아래로 물이 빠지면서 종이의 모형이 형성된다. 초지기 위에서 펄프의 현탁액이 물이 빠지면서 형성된 종이의 모양을 습지라 하며 습지는 다량의 물을 가지게 된다.

초지공정에서 만들어진 종이 형태인 습지는 물이 탈수되었다 하더라도 다량의 물을 함유하게 된다. 따라서 종이(습지)속에 포함된 다량의 물을 제거하기위해 회전하는 두 대의 롤 사이에 습지를 통과시켜 기계적으로 물을 짜내는 압착공정을 거치게 된다. 이러한 압착공정은 종이 내의 물을 기계적으로 짜내면서 종이의 구조를 더욱 치밀하게 하고 섬유간의 결합을 보다 용이하게 하여 최종적으로 생산되는 종이의 강도를 높여주는 효과가 있다. 압착공정에서 가능한 한 많은 물을 제거하여줌으로써 건조공정에서 소요되는 에너지를 줄일 수 있게 된다.

압착공정을 거친 종이는 55～60% 정도의 수분을 가지게 된다. 일반적인 롤 프레스의 물리적 힘으로 아무리 종이속의 수분을 제거한다 하더라도 55%보다 더 낮은 함수율을 가진 종이를 얻기가 불가능하다. 따라서 종이에 남아 있는 나머지 수분을 제거하기 위해 표면이 뜨거운 원통형 드럼에 종이를 부착시켜 종이에 잔류된 수분을 완전히 제거하는 건조공정을 거치게 된다.

건조공정은 수증기로 가열되는 다수의 원통형 드럼으로 구성되어 있으며 종이에 함유된 수분은 건조 실린더(원통형 드럼)와 접촉함으로서 수분이 수증기로 전환되어 외부로 배출되게 된다. 마치 다리미를 이용하여 약간 축축한 옷을 다려 수분을 제거하는 원리와 마찬가지이다.

이와 같이 종이는 와이어 위를 지나면서 종이의 형태를 갖추고 압착공정과 건조공정을 통과하면서 종이속의 수분을 제거하면 함수율이 수 %정도만 가지는 우리가 사용할 수 있는 종이가 완성되게 된다.

완성된 종이는 대부분 그대로 사용하지만 더 좋은 고급종이를 만들기 위해 도공공정을 거치게 된다. 도공공정(코팅공정)은 종이의 성질을 개선하여 고급제품을 얻기 위해 추가되는 공정으로 아주 곱게 간 돌가루인 클레이나 탈크, 탄산칼슘 등을 접착제와 함께 종이 표면에 도포하여 종이의 백색도와 미적인 상품가치를 향상시키는 공정이다. 일반적인 종이는 표면이 섬유소로 구성되어 거칠고 다공질이기 때문에 직접 인쇄할 때에 인쇄가 불량하고 섬유소가 뜯기는 등 문제가 발생되기 쉬워 고급 쇼핑백이나 고급 잡지책용 종이로 사용이 곤란하게 된다(그림 8-10).

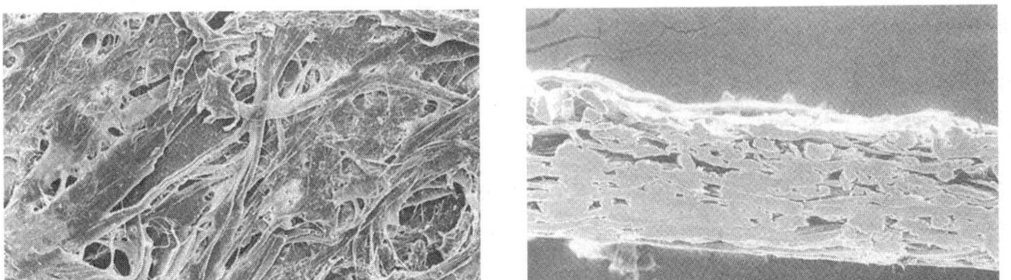

그림 8-10. 종이 표면과 측면의 전자현미경사진

따라서 이와 같은 문제점을 보완하고 여러 가지 기능을 부여하기 위해 종이 표면에 코팅처리를 하여 백색도, 광택, 불투명도 등 종이의 성질을 개선시키고 인쇄할 때 매우 우수하고 고급스런 아트지, 코트지, 특수지 등이 만들어 지게 된다. 이를 이용하여 최고급인쇄용지로 사용이 가능하게 된다.

마지막으로 초지기에서 제조된 종이는 광택처리, 엠보싱처리, 재단, 포장, 저장 등의 작업을 통하여 완제품으로 만들어지는 마무리 공정을 거쳐 종이를 사용하는 1차 소비자인 인쇄소나 신문사, 출판사, 종이판매 대리점으로 공급하게 된다. 마지막으로 소비자에게 제공되게 된다.

3. 우리가 알아야 하는 종이의 성질

1) 치수안정성–팽창과 수축

종이는 식물섬유의 집합체이기 때문에 상대습도를 0～100%로 변화시키면 섬유의 길이방향으로는 1% 이하로 변화를 하지만 섬유의 폭방향으로는 약 20～30% 정도로 늘어나게 된다.

종이가 대기중의 수분에 의해 습기를 빨아들여 늘어나거나 건조하여 줄어들게 되는데 이와 같이 수축과 팽윤의 정도를 치수안정성이라 한다. 우리 주변에 많이 볼 수 있는 고무, 플라스틱, 철 등과 같은 물질은 열에 의해 수축과 팽윤이 일어나지만 수분에 의해 수축과 팽윤이 일어나지 않는다. 종이는 수분을 흡수하면 뒤틀리게 되는데 이렇게 뒤틀리는 현상을 컬(curl)이라고 한다. 종이에 컬이 발생되면 복사용지의 경우 복사기에 종이가 끼이거나 종이가 찢어지는 등 여러 가지 문제가 발생하게 된다. 또한 인쇄할 때 받는 열이나 압력에 영향을 받아 종이가 신축하는 경우가 있고, 계절의 변화나 습도의 변화에 따라 종이의 치수가 변형되는 수가 있기 때문에 종이는 적절한 관리가 필요하다. 따라서 종이를 사용할 때는 급격한 온도변화나 습도변화가 일어나지 않도록 하는 것이 좋으며 급격한 온도나 습도차가 있을 경우 될 수 있으면 일정시간동안 경과한 후 사용하는 것이 좋다.

2) 종이의 결

종이의 결이 생기는 원인은 종이를 만드는 과정과 목재섬유의 특성 때문이다. 종이의 원료인 목재섬유는 매우 가늘고 긴 모양을 가지고 있기 때문에 초지기에서 종이를 뜰 때 와이어의 이동 방향에 따라 섬유가 배열하게 되어 초지공정 중 종이가 흐르는 방향으로 섬유가 나란하게 배열하게 된다. 섬유가 와이어의 이동방향에 평행한 방향으로 배열한다는 사실은 화장지를 찢어보면 섬유방향으로 종이가 찢어지기 쉽다는 것을 알 수 있다. 종이에서 와이어의 이동방향을 기계방향(machine direction, MD), 이것의 직각방향, 즉 폭방향(cross direction, CD)이라 한다. 따라서 두루마리 형태의 종이를 재단할 때 어느 방향으로 자르느냐에 따라 가로결과 세로결이 생긴다. 이때 섬유의 배열이 짧은 변에 평행하면 가로결, 섬유의 배열이 긴 변에 배열하면 세로결이라고 한다. 종이의 결은 책을 만들 때나 카달로그 제작시 매우 중요하다. 책을 만들 때 제본하는 쪽을 세로결로 맞추어야 책장을 넘길 때 부

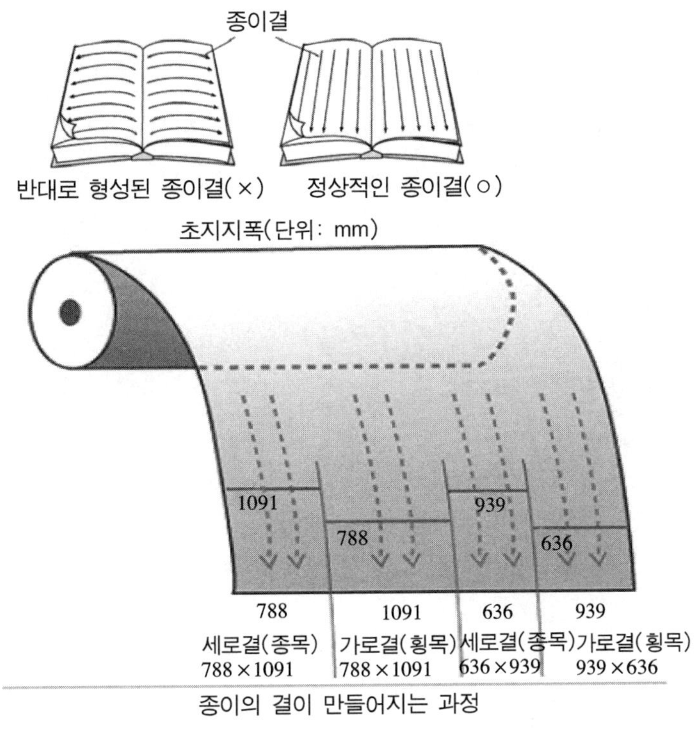

그림 8-11. 종이의 결과 종이의 결이 만들어지는 과정

드럽게 넘겨지며, 책이 울지 않는다. 또한 종이는 접을 때 결대로 접으면 잘 접어지지만, 결을 꺾어 접으려고 하면 잘 접어지지 않으며, 무리하게 접으면 거칠어진다. 종이의 결은 재단할 때마다 가로결과 세로결이 바뀌지기 때문에 인쇄물을 제작하는 경우에 항상 주의를 하여야 한다(그림 8-11).

3) 종이의 양면성

종이는 육안으로 보면 앞뒤가 모두 평평하게 같아 보이지만 실제로는 앞뒤 면이 차이가 있다. 종이의 앞뒤 면은 보통 와이어면과 펠트면으로 구별하는 경우가 많다. 장망식 초지기에서 제조된 종이를 살펴보면 와이어쪽 면은 와이어 마크나 미세섬유, 회분 등이 불규칙하게 배열되어 보이는 반면, 그 반대 면은 보다 조밀하고 고운 구조를 지니고 있다. 이를 종이의 양면성(Two-sideness)이라 하며 종이의 양면성은 구성 섬유의 차이와 바닥 면의 와이어 마크에 의해 야기된다(그림 8-12).

종이의 앞면(펠트면)

종이의 뒷면(와이어면)

그림 8-12. 종이의 양면성

와이어쪽의 종이는 표면이 울퉁불퉁하기 때문에 보통 뒷면이라 하고 그 반대면을 종이면이 매끄러운 겉면이라 한다. 종이에 양면성이 발생하는 원인은 종이를 뜰 때 미세섬유와 고운 돌가루인 충전제 입자가 물과 함께 빠져나가기 때문에 발생한다.

일반적으로 종이를 사용할 때는 표면과 이면을 구분하여 사용한다. 한 면만 인쇄할 경우에는 표면에 인쇄함으로써 보다 좋은 결과를 얻을 수 있다. 고품질의 종이를 적층시킬 경우에는 이면끼리 맞닿도록 붙여서 보다 평활한 표면이 바깥쪽으로 모두 노출되도록 하는 것이 매우 중요하다. 그러나 우표의 경우에는 그림을 이면에 인쇄하고, 보다 평활한 표면에 접착제를 도포하는 경우도 있다. 오늘날의 종이는 앞뒷면의 차이가 옛날에 비해 심하지 않지만, 한쪽에만 인쇄할 때에는 앞뒤를 잘 확인한 뒤에 앞면에 인쇄하도록 주의를 기울여야 한다.

4) 사이즈도

종이에서 사이즈는 매우 중요하며. 특히 필기, 인쇄용지로 사용될 때 필수적으로 요구되는 성질 중의 하나이다. 사이즈는 종이가 물이나 기타 수용액의 침투에 대해 저항성을 가지는 것을 말한다. 즉 종이에 잉크로 글을 쓸 때 글씨가 번지지 않게 하는 것이다(그림 8-13).

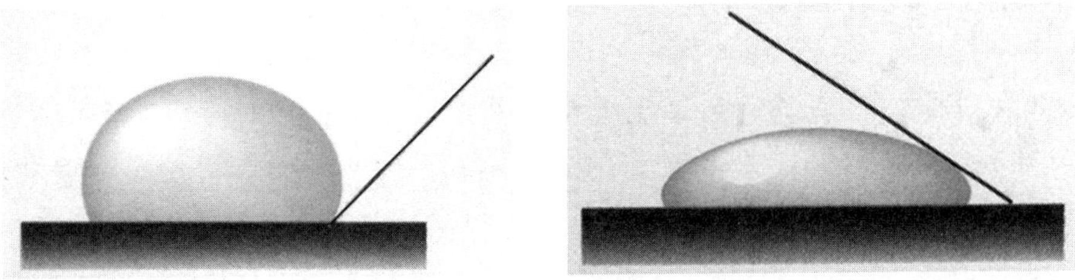

그림 8-13. 사이즈도 측정방법

종이는 친수성의 셀룰로오스 섬유로 구성되어 있으며 기본적으로 물을 잘 흡수하는 특징을 가지고 있다. 물을 잘 흡수하는 성질을 이용한 화장지나 종이수건 등이 있으며, 우유포장지 등은 강한 내수성을 요구하고 인쇄필기용지는 잉크의 번짐을 방지하기 위해 어느 정도의 내수성이 필요하다.

보통 사이징이 잘된 종이라 하더라도 다습한 조건에서 수증기의 흡습을 방지할 수는 없지만 사이징이 잘된 종이는 다습한 조건에 일시적으로 노출될 경우 사이징이 약한 종이보다 덜 민감하게 반응하게 된다. 중성초지니 산성초지니 하는 것은 종이에 사이즈도 특성을 부여하기 위한 사이징 처리공정이 어떤 조건(pH)하에서

행해지고 어떤 사이즈제를 사용하는가에 따라 구분되는 것이다.

일반적으로 인쇄용지, 필기용지, 포장용지 등은 내부 사이징을 실시하고 있으나 화장지, 종이 수건, 위생지 등은 액체를 쉽게 흡수해야 하므로 사이징 처리를 아주 약하게 하거나 하지 않는다.

5) 백색도, 명도, 광택도, 불투명도

종이의 품질특성을 구분할 때 크게 물리적 특성과 강도적 특성, 광학적 특성으로 구분하여 이야기 할 수 있다. 과거에는 종이의 강도적 특성이 중요하였지만 최근에는 기술발달에 따라 강도적 성질보다는 상품의 가치와 인쇄품질을 극대화시키기 위해 광학적 특성의 중요성이 점차 높아지고 있다.

종이의 광학적 성질을 나타내는 말은 명도(brightness), 백색도(whiteness), 불투명도(opacity), 광택도(gloss) 등이 있다.

종이는 통상적으로 백색일 경우에 매우 고급스러워 보이고 인쇄 시 그 진가가 더욱 드러나게 된다. 백색도(whiteness)는 글자 그대로 흰 정도를 나타내는 말이다. 사전적 의미로는 빛의 스펙트럼 전 파장에서 반사율을 나타낸 것이다. 가시광선 전 파장에서 반사율이 100%인 완전한 흰색은 이 지구상에는 없다. 산화마그네슘 판만이 반사율이 97～98% 정도의 백색도를 나타낸다.

명도(brightness)는 밝은 정도를 나타내는 말로써 원래 펄프의 표백정도를 평가하기위해 고안된 것으로 펄프를 표백할 때 색의 변화에 가장 민감한 빛의 파장인 457nm의 빛의 반사율을 측정하는 것이다. 명도는 백색도와 달리 펄프 및 종이의 노란정도가 어느 정도 제거되었는가를 평가하는 척도이다. 일반적으로 명도가 높은 종이가 하얗게 보이기 때문에 백색도 대신 명도를 사용하기도 하였다. 명도와 백색도의 구분은 계측기로는 가능하나 인간의 시각으로는 구분하기가 어려워 보통 같은 개념으로 사용하는 경우가 많다. 미국이나 유럽은 백색도를 통상 명도를 말하며 일본과 우리나라는 구분해서 사용하고 있다. 종이의 백색도를 높이기 위해서는 고백색의 펄프를 사용하거나 증백제를 사용할 수 있다. 종이에 형광증백제를 사용하면 형광물질에 의해 매우 하얗게 보이나 인체에 해로워 식품포장이나 유아용 의류에 사용을 금하고 있다.

우리가 양복을 입을 때 사용하는 흰색의 드레스셔츠에도 깨끗하고 하얗게 보이도록 형광증백제를 사용하기도 한다.

광택도는 종이의 광택이나 윤이 나는 정도를 보여주는 것이다. 빛의 반사가 강하면 광택도가 높아진다. 광택도가 높은 종이를 사용하여 책을 만들면 고급스럽게 보이나 눈의 피로도가 심해진다. 이러한 문제 때문에 오늘날에는 고급서적용지로 무광지를 사용하는 경우가 많다.

6) 종이의 규격

종이는 사용하는 목적에 따라 여러 가지 용도로 사용하기 때문에 사용되는 종이 규격은 매우 다양하다. 종이규격을 사용하는 사람들 마다 마음대로 크기를 정하여 사용한다면 매우 불편할 것이다. 종이의 규격은 세계적으로 여러 가지 규격이 있으나 우리나라는 일본과 같은 규격을 사용하고 있다. 우리나라에서 사용되고 있는 대표적인 A, B 규격에 대해 살펴보기로 하겠다.

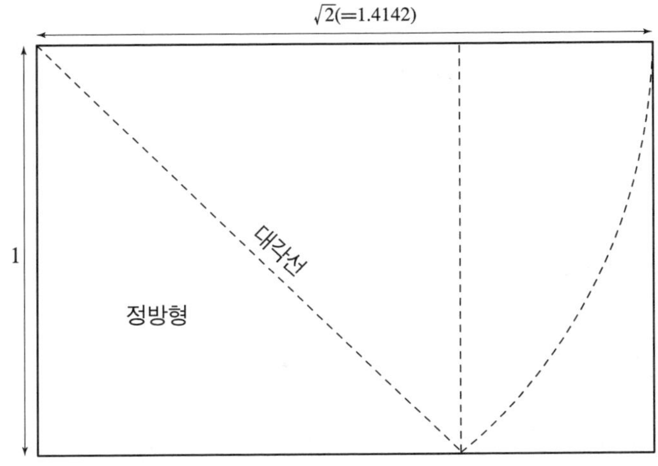

그림 8-14. 종이의 크기를 결정하는 방법

A규격은 가로 세로가 각각 1m인 종이를 대각선으로 접어 그 대각선의 길이가 1.414이므로 폭과 길이 방향의 비를 1 : 1.414로 하여 종이를 재단한 것이다. A규격은 면적을 1m^{2}를 기준으로하고, B규격은 면적을 1.5m^{2}를 기준으로 하여 가로,

세로의 치수를 계산해서 사용한다. 종이의 가로, 세로의 비가 정사각형의 한 변을 가로로 하고 한 변을 대각선 길이로 하면 계속해서 반씩 접으면 가로 세로의 비가 전혀 변하지 않는다. 그리고 숫자가 증가하면 종이의 면적은 절반으로 줄어들게 되었다(그림 8-14, 표 8-2).

표 8-2. A/B 규격의 종이치수

A열	치 수(mm)	B열	치 수(mm)
A0	841 × 1189	B0	1030 × 1456
A1	594 × 841	B1	728 × 1030
A2	420 × 594	B2	515 × 728
A3	297 × 420	B3	364 × 515
A4	210 × 297	B4	257 × 364
A5	148 × 210	B5	182 × 257
A6	105 × 148	B6	128 × 182
A7	74 × 105	B7	91 × 128
A8	52 × 74	B8	64 × 91
A9	37 × 52	B9	45 × 64
A10	26 × 37	B10	32 × 45

4. 종이의 종류

1) 종이의 분류

종이를 용도에 따라 분류를 하면 인쇄 필기용지, 신문용지 등 기록에 필요한 용도로 사용되거나 포장용, 장식용, 미용용 등으로 사용하는 포장용지, 판지, 화장지 등으로 구별할 수 있다. 이밖에도 특수한 용도로 사용되는 특수지 등이 포함된다.

오늘날 종이의 종류는 대략 3,000여 가지이며 최근 전자공업과 기계공업, 화학공업이 발달함에 따라 특정한 용도를 위한 기능성 종이가 계속 개발되고 있는 실정이다(표 8-3).

표 8-3. 종이의 종류

대분류	중 분 류	용 도
인쇄용지	비코팅 인쇄용지	중질지류, 서적지류, 백상지류, 도화용지류, 노트용지류, 박엽지류
	코팅 인쇄용지	아트지, 메트지, 카렌다, 경량코트지, 엠보싱지, 라벨지, 담배포장지,캐스트코트지 등
정보지	입력용지	자기기록지, OCR, OMR, MICR, 천공카드지, 천공테이프지
	출력용지	복사용지, 잉크젯용지, 감열기록지, 감압기록지, 정전기록지, 방전기록지, 청사진용지, 열전사지, 인화지 등
가정/위생용지	가정용지	벽지, 앨범용지
	의료용지	멸균지, 무균지, 부직포디스크
	위생용지	기저귀, 생리용지, 종이타월, 방충지, 화장지
포장용지	외장용지	라이너지, 지대용지, 백판지, KRAFT지
	지기/용지	종이컵원지, 카톤팩용지, 내열식품용지
산업용지	농업용지	과실대, 제초지, 차광지
	공업시험용지	아라미드지, 탄소섬유지, 지시지
	전지전자공업용지	전령지, 무진지, 대전방지지, 전자파차단지
	점착, 박리지	박리지, 점착지, 공정용 이형지, 접착테이프
기능지		각종 팬시지, 방향지, 난열지, 불연지

2) 놀라운 성질을 가진 기능지

최근 종이는 여러 가지 용도로 개발되고 있다. 특히 우리가 생각하지도 못한 여러 가지 기능을 가진 종이가 개발되고 있다. 특정한 성질을 강조한 기능지는 종이의 성질을 일부 가지면서 우리 상상하지 못한 역할 수행하면서 우리생활 곳곳에서 많은 도움을 주고 있다.

(1) 식품 포장용지

파치먼트 종이는 진한 황산용액 내에 종이를 담가서 셀룰로오스 섬유가 고도로 팽윤되고 일부는 용해되어 종이가 매우 치밀해진다. 버터와 같은 지방 및 유제품의 포장에 사용된다. 글리신지는 종이에 기공이 없도록 치밀하게 제조된 종이로서 과자나 약품, 식품포장에 많이 이용된다. 아이스콘지, 아이스캔디지 등 도 식품 포장용지(food wrapper)의 한 종류이다. 식품 포장용지란 생활과 늘 함께 하는 식품을 포장하는 재료이므로 우선 인체에 해가 없어야 한다. 식품 용지로서의 적합성을 얻기 위해서는 비소와 같은 중금속이 없어야 하고, 일반적으로 종이를 만들 때 사용하는 형광 증백제나 유해색소, 증발 잔유물 등이 없다는 것을 공인기관으로부터 인증받아야 한다. 이와 같이 식품포장 용지를 제조할 때는 유해 화학 약품을 쓰지 않아야 하는 것은 물론 펄프 선정부터 용수의 사용에 이르기까지 꽤 까다로운 제조 절차를 거쳐야 한다.

(2) 감열기록지

은행에서 고객의 순번을 기록하는 대기권으로 사용되는 감열기록지가 있다. 감열기록지는 종이에 눈에 보이지 않는 코팅된 캡슐이 칠해져 있다. 이 캡슐은 열을 받으면 터지게 돼 있고 종이에 문자나 그림이 나타난다. 석장의 종이가 겹쳐져 있는 신용카드 전표는 감압지이며 열 대신 압력에 의해 캡슐이 터져 문자나 그림이 나타나게 된다(그림 8-15).

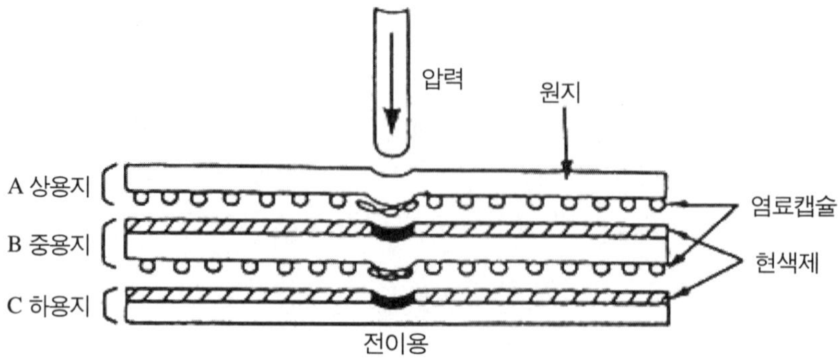

그림 8-15. 감압기록지

(3) 발색지

열을 받으면 발색하는 종이를 말한다. 예를 들면 전기배선반에서 가열을 받으면 발색을 하여 사고를 미연에 방지할 수 있게 한다. 전기회로에서 회로가 절단되면 열이 발생되어 색이 변해 고장장소를 발견할 수 있게 하며 접촉이 불량하면 발열하고 있는 부분이 황색의 테두리를 가진 녹색으로 변하여 문제가 되는 부위를 쉽게 발견할 수 있게 한다.

(4) 자기기록지

자기기록지는 펄프내강에 망간페라이트 마그네사이트 등의 자성분체를 충전시켜 펄프를 제조하거나 또는 자기도료를 종이위에 도포하는 방법이 있다.

자기기록지는 철도승차권, 마권, 항공탑승권, 고속도로통행권 등으로 사용되며 외국의 경우는 운전면허증 등으로 많이 사용된다. 자기기록지의 특징은 기록 정보가 자성층에 내포되어 있어서 외부에서 판독할 수 없으며 다른 정보는 종이표면에 문자, 기호 색채 등을 부여시켜 외부에서 쉽게 판독이 가능하다. 자기기록지는 주로 공공기관이나 교통기관에서 많이 사용된다. 승차권과 고속도로 통행권은 역할은 비슷하지만 종이의 종류는 다르다. 승차권은 평량이 235g으로 종이가 두꺼우며 통행권은 161g으로 좀 얇다. 가까운 미래에 자기기록지가 전화카드, CD, 플라피디스크 등 정보기록매체로서 역할을 할 수 있는 종이가 개발될 것으로 생각된다(그림 8-16).

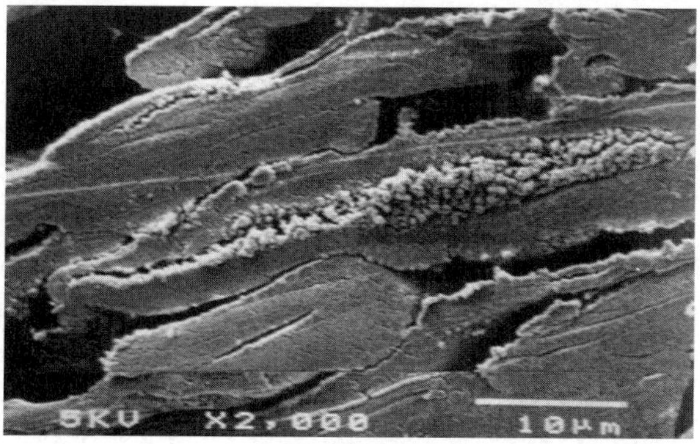

그림 8-16. 자기기록지의 전자현미경 사진

(5) 도자기 종이(도지)

도자기 종이는 소성온도 1,000～1,300℃의 고온 가열하면 도자기가 되는 종이이다. 도자기 종이는 목재펄프에 세라믹 등 요업용 원료를 80%이상 집어넣어 종이를 만든 것이다. 도자기 종이는 접고 자르고 부치는 것이 가능하여 공예분야 등 여러 분야 사용할 수 있게끔 용도가 확대될 것이다(그림 8-17).

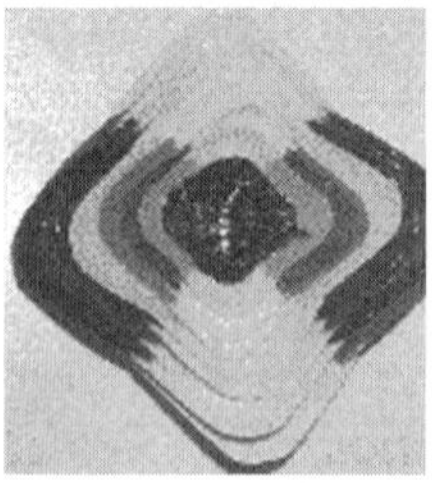

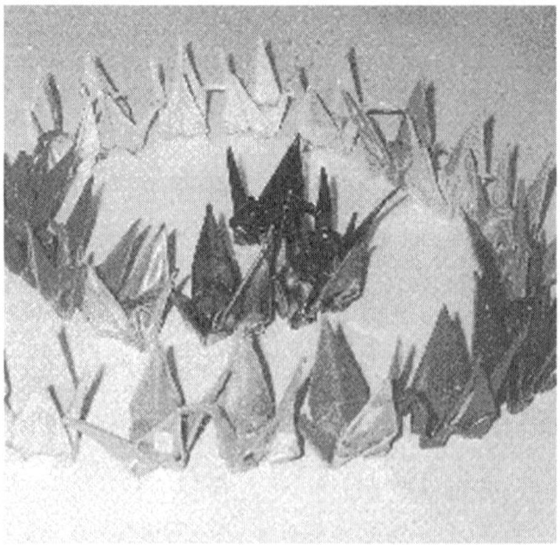

그림 8-17. 도자기 종이를 이용하여 만든 도자기

(6) 인쇄기판용지

하이테크를 지원하는 종이는 최첨단 전기 제품에서도 사용된다. 가정용 전기제품이나 전자제품에서 사용되고 있는 프린트기판은 종이와 수지로 만들어진 적층판이 사용되고 있다. 프린트기판의 고밀도화는 전기제품의 경량화 소형화를 시키는데 크게 공헌하였다. 일반적으로 사용되는 인쇄기회로기판은 종이에 페놀수지를 도포하거나 함침시키어 만든다(그림 8-18).

그림 8-18. 인쇄회로기판

(7) 습도조절 종이

종이는 문화재를 보호하는 데에도 사용된다. 문화재를 양호하게 보호하기 위해서는 온도와 습도를 일정하게 유지시키는 것이 중요하다. 문화재를 보호하기 위해 조습지를 사용하며 조습지에는 습도를 일정하게 유지시키는 물질을 집어 넣는다. 또한 조습지를 벽지 등으로 사용하여 실내의 습도변화를 막는 작용하게 된다. 문화재 주변의 습도가 높으면 수분을 흡수하고 습도가 낮으면 수분을 방출하는 작용을 해서 습도가 일정하게 유지되도록 한다.

(8) 인디아 페이퍼

인디아 페이퍼는 박엽인쇄용지 중의 하나이며 옛날부터 사전이나 성경책 등에 사용되어 왔다. 이 종이는 아주 가볍고 얇으며 불투명도가 높은 종이이다. 현재 시판되고 있는 최경량 종이는 평량이 25g/m^{2}으며, 오늘날에는 사전용도 이외에 각종 취급설명서, 보험약관 의약품, 화장품 등의 낱포장용으로도 사용되고 있다. 면화, 삼 , 화학펄프를 원료로 사용하여 왔으나 최근에는 주로 표백크라프트펄프를 사용

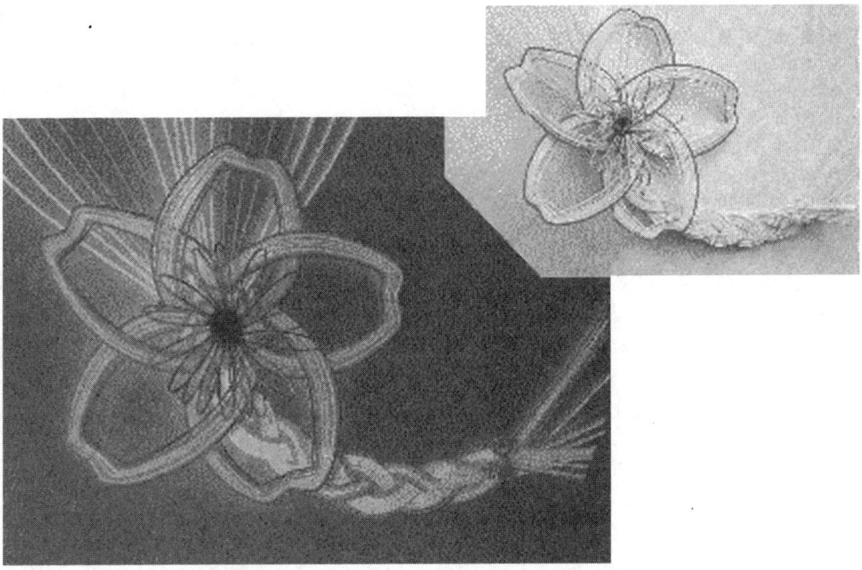

그림 8-19. 어두운 곳에서 스스로 빛을 내는 축광지

한다. 이 종이는 불투명도를 높이기 위해 충전제로 탄산칼슘이나 이산화티탄을 사용한다.

(9) 기타 기능지

위에서 열거한 종이이외에도 우리 실생활에 도움을 주는 많은 기능지가 있다. 예를 들면 찢어도 먼지가 나지 않는 무진지, 군대에서 사용되는 지도용지, 세균이 침투하지 못하도록 하여 식품의 신선도를 유지하는 항균지, 어두운 곳에서 스스로 빛을 내는 축광지, 문자를 기록한 후 자동적으로 기록이 없어지는 극비문서를 작성하는 데 사용되는 종이 등 여러 종류의 종이가 있다. 과학 기술이 발달함에 따라 앞으로 많은 새로운 기능을 가진 종이가 탄생될 것이다(그림 8-19).

3) 천년의 종이 중성지

현재 사용되고 있는 종이는 산성지와 중성지로 크게 나누어 볼 수 있다. 산성지냐 중성지냐의 구분은 종이제조 시 종이에 내수성을 부여하기 위해 사용하는 물질인 사이즈제를 어떤 종류를 사용했느냐에 따라 결정이 된다. 사이즈제를 지료 내에 첨가할 때 사이즈제의 반응을 활성화시키기 위해 사이제의 종류에 따라 지료 내의 pH를 산성영역이나 중성 또는 알칼리영역으로 조절하여 종이를 뜨게 된다. 산성사이징에 사용되는 로진은 셀룰로오스에 정착되기 위해 정착제인 알람이 사용되며 알람의 효과를 극대화 시키기 위해 초지 시 지료의 pH를 4.0～4.5로 유지해야 한다. 따라서 산성영역에서 사이징을 하기 때문에 산성사이징이라 하며, 중성사이징은 사이즈제로 AKD, ASA를 사용하며 초지 시 pH를 7～9로 유지시키기 때문에 중성, 알칼리성 사이징이라고 불리운다. 초지 시 로진알람을 사이즈제로 사용한 종이는 산성지라하며, AKD나 ASA를 사이즈제로 사용한 종이를 중성지라 한다.

산성지는 대기중의 산소와 반응하여 시간이 지나면 종이가 누렇게 변질될 뿐만 아니라 강도가 저하되어 보관상 어려움이 많게 된다. 중성지는 산성지에 비해 내구성이 강해 종이의 수명이 연장될 뿐만 아니라 종이의 성질이 개선되며, 특히 물의 사용량을 절감시킬 수 있는 많은 장점을 가지고 있다. 이러한 장점으로 인하여 오늘날 대부분의 제지공장에서 중성사이징을 채택하고 있다.

중성지는 장기 보존용 각종 서류 및 책자, 대대로 물려줄 족보, 정부의 중요 문서, 논문집 등에 많이 사용되고 있으며, 특히 구미 선진국에서는 이미 정부, 도서 단체 및 도서진흥협회 등이 장기 보존용 기록 용지에 대한 규격을 설정하여 시행하고 있다. 이밖에도 중성지는 공해 방지에도 효과적일 뿐만 아니라 재활용 시 산성지에 비해 여러 가지 장점을 가지고 있기 때문에 앞으로 그 사용량이 증가될 것이다.

5. 종이의 재이용

도시에서 나오는 쓰레기의 상당부분은 종이이다. 한 번 사용한 종이를 재사용하면 환경보호측면에서 매우 유리할 것이다. 우리 주변에서 종이는 정보매체, 포장재료, 사무용품에 이르기까지 폭넓게 사용되고 있다. 종이가 기타 소재와 크게 다른 점은 한 번 사용한 종이를 재사용할 수 있다는 것이다. 이것은 종이의 원료로 사용하는 식물섬유의 성질이 재생에 적당하기때문이다. 종이의 재생은 옛날부터 이루어져 왔다. 고지를 재생할 때는 Virgin pulp를 제조할 때만큼 증기나 전력이 소비되지 않기 때문에 에너지 절약이 가능하다. 또한 종이의 재회수 이용은 산림자원의 효율적인 이용이 가능할 뿐만 아니라 에너지를 절약하고 쓰레기 감량에도 큰 효과가 있다.

한 번 건조되었다가 다시 해리되는 재생펄프는 천연펄프에 비해 강도가 약하다. 고유의 탄성을 가지고 있는 섬유는 한 번 건조되면 섬유표면이 딱딱해지면서 각질화가 이루어진다. 각질화가 이루어진 펄프는 쉽게 물에 젖지 못하고 섬유간에 결합을 할 때 섬유간의 결합강도가 떨어져 종이의 강도가 떨어지게 된다. 재생펄프는 천연펄프에 비해 품질이 떨어지나 환경보호와 자원절약을 위해 그 사용량이 매년 증가 하고 있는 실정이다.

종이의 재회수 이용의 원리를 보면 세탁기에서 의류를 세탁하는 것과 같은 원리이다. 종이를 물속에 분산시킨 후 탈묵제를 첨가하여 섬유에 붙어 있는 잉크를 제거하여 섬유를 얻는 것이다(그림 8-20).

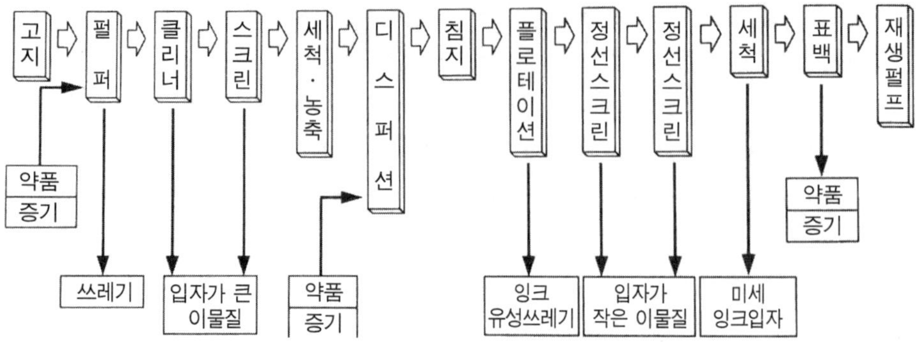

그림 8-20. 재생펄프 생산공정

6. 천년의 종이 – 한지

천년을 사는 종이인 한지는 많은 장점을 가지고 있으면서도 서양의 현대적 종이가 보급된 이후 점차 내리막길을 걸었다. 그러나 최근 전통문화에 대한 재인식이 제고되면서 한지는 새로이 조명을 받고 있다.

한지에 대한 기록은 사기와 일본서기에는 나와 있으나 삼국유사나 삼국사기와 같은 우리나라의 역사서에서는 그 기록이 전혀 보이지 않는다. 다만 증보문헌비고 예문고에 짤막한 기록이 있을 뿐이다. 삼국유사에는 신라 진덕여왕 원년(648) 종이연에 관한 기록이 있다. 통일신라시대에 생활필수품이 아닌 종이 연까지 만들었다면 종이는 글을 쓰는 재료로서 뿐만 아니라 일상생활에까지 널리 쓰일 정도로 풍족했었다고 볼 수 있다. 그러나 불행하게도 삼국시대의 종이의 원료나 제지방법에 관해서는 자세히 전해진 바가 없다. 채륜은 나무껍질, 삼, 넝마, 그물 자루 등을 두들겨 짓이겨서 표백하여 종이를 떳다고 한다. 삼국시대의 제지법은 이와 크게 다르지 않았을 것이며 삼국시대부터 원료로 닥나무가 쓰였을 것으로 생각된다. 우리의 한지는 삼국시대 때부터 중국에 알려질 정도로 매우 유명하였다. 그 중 백무지, 견사지, 아청지 등이 기록에 남아 있으며, 특히 신라의 백무지는 종이를 발명한 중국에까지 널리 알려졌다고 한다.

한지는 삼국시대의 중기인 서기 600년 이전에 이미 그 제조법이 널리 보급되었고 그 후 고려 및 조선시대를 거치면서 더욱 개량되고 종류도 다양해졌다. 그러나 우수한 질을 가진 한지는 일제시대에 서양종이가 이 땅에 들어온 이후 점차 사양길을 걷게 되었다. 그 이유는 한지의 모든 제작공정이 수작업으로 하였기 때문에 대량 생산이 불가능하였기 때문이다.

그림 8-21. 닥나무의 잎, 줄기

그림 8-22. 닥나무 껍질

우리나라의 한지는 중국의 선지, 일본의 화지와 원료나 제조방법에서 큰 차이는 없으나 주원료의 구성에서 차이가 많다. 우리의 한지는 닥나무 껍질로 만들지만 일본의 화지는 삼지닥나무의 인피섬유를 주로 사용한다(그림 8-21, 22). 중국의 선지는 중국 고유의 나무인 청단과 볏짚, 대나무 펄프를 혼합해 제작한다. 한지는 표면이 거칠어 자연미를 주지만 화지는 섬유질이 한지보다 짧아 종이의 질이 치밀하다.

그러나 종이의 질김과 보존성에서 한지는 화지나 선지보다 우수하다. 한지는 현대 종이인 양지에 비해 섬유의 길이가 길고 중성지이기 때문에 종이가 질기고 오래 간다. 한지의 주원료인 닥나무의 인피섬유는 섬유의 길이가 평균 8.72mm이며, 일본 화지의 원료인 삼지닥나무는 평균섬유의 길이가 3.91mm이다. 국내의 한지는 일본의 화지와 선지에 비교해서 잘 찢어지지 않으며, 먹물이 고루 먹히면서도 잘 번지지 않는다. 한지는 증해제인 잿물과 닥풀을 이용해서 만들어지며, 이때 사용되는 닥풀은 천연고분자물질인 다당류로 이루어져 있고 중성을 유지기 때문에 종이가 세월이 흐르면서 결이 좋아지고 1,000년 이상 보존 유지가 가능하다. 한지의 특성은 질기고 만지면 촉감이 부드럽고 통기성과 보온성이 우수하다. 한지는 천연재료로 만들기 때문에 천연의 질감을 가지고 있을 뿐만 아니라 습기에 강하고 통기성이 좋다.

한지는 매우 우수한 성질을 가지고 있어서 종이의 종류가 다양하고 여러 가지 용도로 그 이용이 가능하다. 우리나라에서 현재 사용되고 있는 한지의 제조방법을 요약하면 다음과 같다. 11월에서 이듬해 2월 사이에 햇닥이라고 부르는 1년생 닥나무를 채취하여 닥나무의 하얀 속껍질을 양잿물에 넣고 삶아 섬유질을 부드럽게 한 다음 찬물로 몇 번이고 헹구어 양잿물을 제거한다. 그 다음 지통에 넣어 방망이로 두들겨 섬유질을 푼 다음 닥풀과 물을 넣고 섬유질이 균일하게 엉기게 한 다음 촘촘한 발모양의 틀로 종이를 뜬다. 열판에 붙여 건조시킨 후 떼어내면 종이가 완성된다(그림 8-23).

그림 8-23. 한지의 초지 및 건조공정

최근 전통문화에 대한 관심이 높아지고 한지를 이용한 공예품이 늘면서 한지수요는 증가하고 있으나 제작과정이 수작업이고 양질의 닥나무를 구하는 것이 쉽지 않아 아직까지 대량생산이 되지 않고 있다.

한지는 원료, 쓰임새, 종이의 질, 생산지에 따라 다양한 이름을 가지며 그 종류도 다양하다. 지금까지 우리가 자주 들어본 한지의 명칭과 용도를 살펴보면 문을 바르는 종이인 창호지, 장판지 방바닥을 바르는 종이인 장판지, 그림이나 글씨를 쓰는 종이인 화선지, 제사를 지낼 때 태우는 종이인 소지, 짚을 부수어 섞어서 만든 종이인 마분지, 지금은 사라졌지만 우산이나 양산을 만드는데 사용한 종이 등 종류와 명칭만 해도 수백가지나 된다.

한지는 예로부터 창호지와 장판지 외에 크고 작은 생활용품을 만드는 데 널리 이용되어 왔다. 한지는 내구성이 강하면서도 부드럽고 미려한 종이의 특성을 이용하여 크고 작은 생활용품을 만들어 사용하였다. 그 종류를 살펴보면 크고 작은 작은 상자나 반짇고리 그릇, 예단함, 문갑, 삼층장 등 가구류에 이르기까지 5색의 색지를 이용해 갖가지 문양으로 장식을 한 오색전지 공예를 비롯하여, 좁고 길게 짜른 종이를 손으로 꼬아 만든 끈으로 화살집이나 갑옷을 비롯하여 밥상, 주전자 반짇고리 등 각종 생활용품을 제작하는 지승공예, 종이에 풀을 섞어 절구에 찢거나 주물러 종이죽을 만들어 일정한 틀에 부어 그릇과 탈을 만드는 지호공예 등 여러 가지가 있다(그림 8-24, 25, 26).

그림 8-24. 색지공예기법으로 만든 삼합상자

그림 8-25. 지승기법으로 든 반짇고리

그림 8-26. 지호기법으로 만든 그릇

〈참 고 문 헌〉

1. Smook, G.A. 2002. Handbook for pulp and paper technologist. Joint textbook of the paper industry.
2. www.hansolpaper.co.kr
3. www.gopaper.co.kr
4. www.moorim.co.kr
5. 김재수외. 1998. 숲, 문화 그리고 인간, 충북대 출판부

제 9 장 지속가능한 청정에너지 - 목질바이오매스

인류가 지구상에서 불을 사용하기 시작한 이래, 나무는 연료(에너지 자원)로서 그 사명을 충실히 수행하고 있다. 인류 문명의 역사를 획기적으로 바꾸는데 있어서 제 몸을 태워가며 그 역할을 다 하였던 것이다. 특히나 지금으로부터 3,000 ~ 4,000년 전에 시작된 철기시대는 숯(목탄)의 도움 없이는 그 화려한 문을 열 수 없었다. 그런데 나무로부터 숯을 만드는 기술은 고도의 바이오테크놀로지로서 매우 경이로운 발견이 아닐 수 없다. 지금도 전세계적으로 사용되는 에너지의 약 10%를 나무를 포함한 바이오매스가 담당하고 있다고 한다. 이처럼 인류의 역사와 함께 한 나무가 이젠 목질바이오매스란 새로운 이름을 달고 우리 곁으로 다가오고 있다.

1. 지속가능한 청정에너지를 찾아서

1) 에너지 다소비형 사회와 에너지 자원 고갈

인구증가와 산업화로 인하여 20세기 초부터 폭발적으로 급증한 화석에너지 소비는 21세기에 들어서면서 중국과 인도의 산업화로 인하여 한층 가속화되고 있다. 화석 에너지의 급격한 사용은 지구 온난화라는 커다란 문제를 전 세계에 안겨줬고, 여러 과학자들이 이에 대한 경고를 내놓기 시작하면서 지구인들은 이를 해결하기 위한 다각도의 노력을 펼치기 시작하였다. 그 하나의 결실이 1992년 브라질의 리우데자네이루에서 맺어진 '지구온난화 방지를 위한 온실가스의 규제' 를 목적으로 한 리우환경협약 - 정식으로는 '기후변화에 관한 유엔 기본협약', 줄여서 기후변화협약 - 으로서, 체결국은 온실가스의 배출량 등에 대한 조사 및 기후변화 방지를 위한 국가계획 등을 마련하도록 하였다. 이후 기후변화협약의 구체적 이행 방안을 마련하기 위한 노력을 거듭한 끝에 1997년 선진국의 온실가스 감축 목표치를 규정하는 '교토의정서'가 채택되었다. 의정서가 채택되기까지는 온실가스의 감축 목표와 감축 일정, 개발도상국의 참여 문제로 선진국간, 선진국과 개발도상국간의 의견 차이로 심한 대립을 겪기도 했지만, 2005년 2월 16일 공식으로 발효된 이후 세계 각국의 온실가스 감축을 위한 노력은 한층 심화되고 있다.

온실가스 감축 의무이행 대상국은 선진국 38개국으로, 2008～2012년 사이에 온실가스 배출량을 1990년 수준보다 평균 5.2% 감축하여야만 한다. 감축 대상 가스는 이산화탄소, 메탄, 아산화질소, 불화탄소, 수소화불화탄소, 불화유황의 여섯 가지이며, 감축 당사국은 이들 온실가스의 감축을 위한 정책 수립뿐만 아니라 온실가스 흡수원 및 저장원의 보호와 대체에너지의 개발과 연구도 함께 수행하여야 한다. 그리고, 의무이행 당사국의 감축 이행 시 신축성을 허용하기 위하여 배출권거래

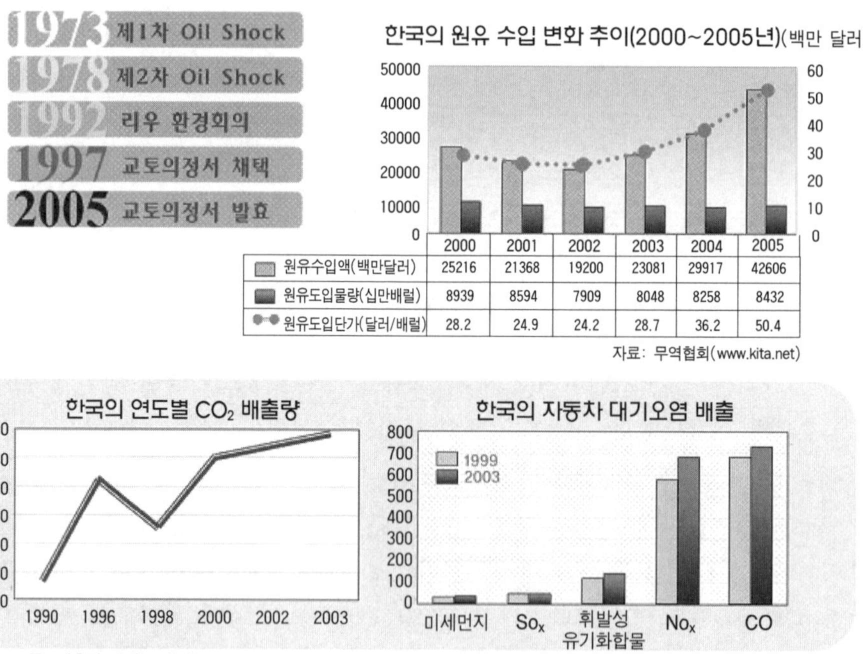

주: 배출량 단위는 백만 톤
자료: OECD(2006), "Enviromental Performance Reviews of Korea", OECD publication

주: 배출량 단위는 천 톤
자료: MoE. 2005 Environment White Paper

그림 9-1. 우리나라의 대체에너지 개발의 필요성

(Emission Trading), 공동이행(Joint Implementation), 청정개발체제(Clean Development Mechanism) 등의 제도도 도입하고 있다.

한편, 2007년 12월 15일 제13차 유엔 기후 변화협약 당사국 총회에서는 극적으로 '발리로드맵'을 채택하였는데, 미국을 비롯한 모든 선진국이 '교토의정서상 의무감축국에 상응한 노력'을 하기 위해 협상하는 것은 물론, 개발도상국들이 '측정가능하고 검증 가능한 방법의 자발적 감축'을 협상하도록 규정했다.

우리나라에서도 산업화에 따른 에너지 소비 급증과 자동차 문화의 급격한 보급으로 휘발유나 경유와 같은 수송용 연료를 포함하는 화석연료의 사용이 급증하고 있어 지구 온난화가스 배출 규제를 피해갈 수 없는 현실이다. 국제에너지기구(IEA)의 2002년 통계에 따르면 우리나라의 연간 이산화탄소 배출량은 2000년을 기준으로 4억 3400만 톤으로서 세계 9위이며 세계 전체 배출량의 1.8%를 차지하고 있다. 더욱이 1990년 이후의 배출량 증가가 85.4%로 나타나 세계 최고의 증가세를 보이고 있다. 따라서 우리나라도 2008년부터는 자발적인 의무부담을 할 것을 요구받고 있으며, 2013년 이후에는 동참을 요구받게 될 것이 거의 확실시된다.

또한 우리나라는 대부분의 에너지를 석유에 의존하고 있는데, 자원의 유한성과 국제 정치적 역학관계에서 안정적인 공급에 위협을 받고 있기 때문에 화석연료를 대체할 수 있는 에너지 자원의 개발이 시급하다.

2) 신 · 재생 에너지

'신 · 재생 에너지'로 규정되는 대체에너지는 지속 가능한 에너지 공급 체계를 위한 미래 에너지원으로서 이산화탄소를 거의 발생시키지 않는 환경 친화형 청정에너지와, 태양광 또는 풍력 등과 같이 고갈되지 않는 무한에너지를 뜻한다.

우리나라도 「신에너지 및 재생에너지 개발 · 이용 · 보급 촉진법」 제2조에서 신 · 재생 에너지를 기존의 화석연료를 변환시켜 이용하거나 햇빛 · 물 · 지열 · 강수 · 생물유기체 등을 포함하는 재생가능한 에너지를 변환시켜 이용하는 에너지로 다음과 같이 정의하고 있다.

① 태양에너지

② 생물자원을 변환시켜 이용하는 바이오에너지로서 대통령령이 정하는 기준 및

범위에 해당하는 에너지

③ 풍력

④ 수력

⑤ 연료전지

⑥ 석탄을 액화·가스화한 에너지 및 중질잔사유(重質殘渣油)를 가스화한 에너지로서 대통령령이 정하는 기준 및 범위에 해당하는 에너지

⑦ 해양에너지

⑧ 대통령령이 정하는 기준 및 범위에 해당하는 폐기물에너지

⑨ 지열에너지

⑩ 수소에너지

⑪ 그 밖에 석유·석탄·원자력 또는 천연가스가 아닌 에너지로서 대통령령이 정하는 에너지

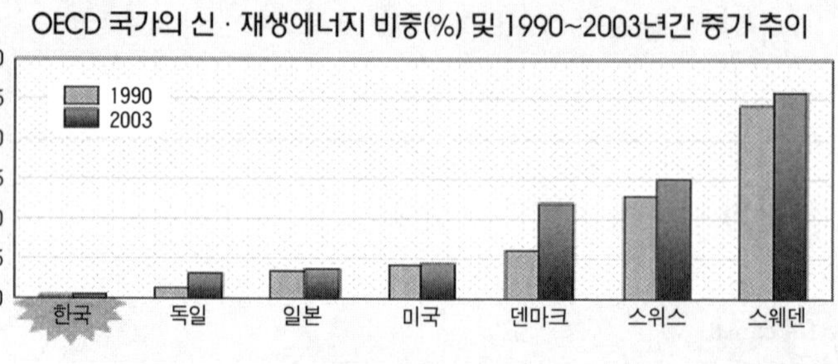

주: 단위는 총 에너지 소비 중 신·재생에너지가 차지하는 비중(%)
자료: IEA "Energy Balances of OECD countries 2005 edition"

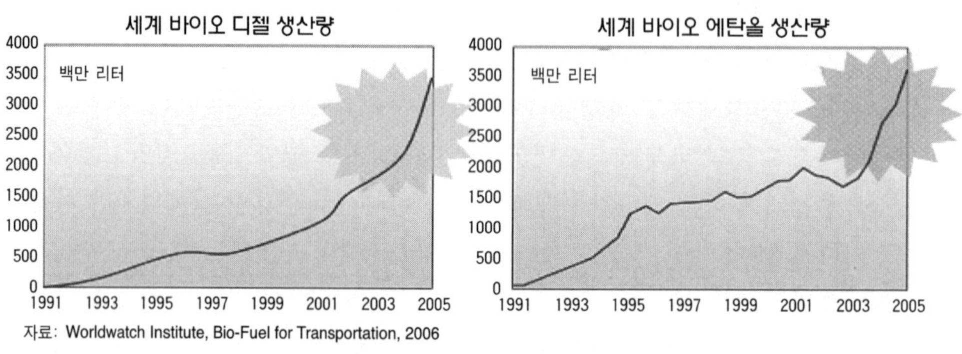

자료: Worldwatch Institute, Bio-Fuel for Transportation, 2006

그림 9–2. 신·재생 에너지에 대한 세계의 관심과 현황

선진 각국에서는 신 · 재생 에너지 개발에 있어서 초기 투자에 과다한 비용이 발생한다는 장애요인이 있음에도 불구하고, 이것이야말로 화석에너지의 고갈 문제와 환경 문제에 대한 핵심 해결 방안이라는 점에서 신 · 재생 에너지에 대한 과감한 연구 · 개발과 보급 정책 등을 추진하고 있다. 우리나라에서도 최근의 유가 급등, 기후변화협약의 규제 대응 등 신 · 재생 에너지의 중요성이 재인식되면서, 에너지 공급 방식이 중앙 공급식에서 지방 분산화 정책으로 전환하는 시점과 맞물려 환경, 교통, 안보 등을 고려한 지역 자원의 활용 측면에서의 적극적인 추진이 요망되고 있는 실정이다. 나아가 신 · 재생 에너지 산업은 기존 에너지원에 대한 가격 경쟁력까지 확보할 경우 IT(정보통신기술), BT(생명공학), NT(나노기술) 산업과 더불어 미래 산업, 차세대 산업으로의 급신장이 예상되고 있다.

2. 목질 바이오매스

1) 바이오매스의 의미와 종류

'바이오매스' (biomass)는 원래 생태학 용어로서 특정 시점에 어느 공간에 존재하는 '생물량' 또는 '생체량' 을 물질의 양으로 표현한 것이다. 통상 질량이나 에너지량으로 표시한다. 이것은 태양에너지를 받은 식물과 미생물의 광합성에 의해 생성되는 식물체 및 균체와, 이를 먹고 살아가는 동물체를 포함하는 생물 유기체의 유기물량(보통 건조 중량 또는 탄소량으로 표시함)을 뜻한다. 따라서 생태학적 의미에서는 나무의 줄기, 뿌리, 잎 등이 대표적인 바이오매스이며, 죽은 유기물인 유기계 폐기물(목질폐재, 가축의 분뇨 등)은 바이오매스가 아니라고 할 수 있다. 그러나 이와 같은 생태학적 정의와는 달리 산업계에서는 유기계 폐기물도 바이오매스에 포함시키는 것이 보통인데, 요즘은 바이오매스를 '재생가능한(regenerable) 생물 유래의 유기성자원으로서 화석연료를 제외한 것' 으로 정의하고 있다.

따라서 바이오매스 자원은 곡물, 감자류를 포함한 전분질계의 자원과, 초본, 임목과 볏짚, 왕겨와 같은 농수산물을 포함하는 셀룰로오스(섬유소)계의 자원과, 사탕수수, 사탕무와 같은 당질계의 자원은 물론, 가축의 분뇨, 사체와 미생물의 균체를 포함하는 단백질계의 자원까지를 포함하는 다양한 성상을 지니고 있다. 또한 이들 자원에서 파생되는 종이, 음식 찌꺼기 등의 유기성 폐기물도 포함한다.

표 9-1. 발생장소에 따른 바이오매스

분 류	특 징	내 용
육지계 바이오매스	육지에 있는 바이오매스	쌀, 사탕수수, 옥수수, 감자, 고구마, 콩, 땅콩, 침엽수, 활엽수 등
수역계 바이오매스	수중에 있는 바이오매스	어패류, 조류, 식물성 플랑크톤 등
농림수산계 바이오매스	농림수산업의 생산활동 중에 발생하는 바이오매스	임지잔재, 간벌재, 제재폐재(단재, 톱밥, 수피 등), 건설폐재, 고지, 겨, 짚, 축산분뇨, 수산가공잔사, 축산가공잔사 등
폐기물계 바이오매스	인간의 생활행동과 2차산업 · 3차 산업 활동에 의해 폐기물로서 발생하는 바이오매스	유기오니, 펄프폐액, 식품가공잔사' 폐식용유, 식품쓰레기, 하수오니 등

표 9-2. 이용 상황에 따른 바이오매스

분 류	특 징	내 용
폐기계 바이오매스	폐기물로서 발생하는 바이오매스	식품폐기물, 가축배설물, 건설발생 목재, 하수오니 등
미이용계 바이오매스	자원으로 이용되지 않고 폐기되는 바이오매스	짚, 겨, 미이용 간벌재 등
자원식물	자원으로서 이용을 고려하여 재배되는 바이오매스	전분계 작물, 사료작물, 유지작물 등

표 9-3. 형태에 따른 바이오매스

분 류	특 징	내 용
건조계 바이오매스	수분을 별로 함유하지 않고 건조된 바이오매스	목질 바이오매스(임지잔재, 간벌재, 제재폐재, 건설폐재, 조경폐재 등), 짚, 겨 등
함수계 바이오매스	수분을 많이 함유한 바이오매스	수생식물, 가축분뇨, 하수오니, 식품쓰레기, 식품가공잔사 등
기 타	섬유질, 전분질, 유지분을 함유하고 있는 바이오매스	당 · 전분(감자, 고구마, 옥수수, 사탕수수 등), 셀룰로오스(고지 등), 식물유(유채유, 폐식용유 등)

2) 바이오매스의 특징

바이오매스 자원은 적절한 관리만 이루어지면 고갈되지 않고 영구히 사용할 수 있는 재생가능한 에너지이며 광역 분산형의 자원이어서 지역 에너지원으로서 주목받고 있다. 에너지원으로서의 바이오매스의 장점은 에너지를 저장할 수 있다는 점, 재생이 가능하다는 점, 물과 온도 조건만 맞으면 지구상 어느 곳에서나 얻을 수 있다는 점, 최소의 자본으로 이용 기술의 개발이 가능하다는 점, 그리고 석유, 석탄, 원자력의 이용 등과 비교할 때 환경적으로 안전하다는 점 등이다.

바이오매스는 유기물이기 때문에 연소시키면 이산화탄소를 배출시킨다. 그러나 바이오매스에 함유된 탄소는 성장과정에서 광합성에 의해 흡수한 이산화탄소에 유래한다. 따라서 바이오매스를 사용하여도 전체적으로 보면 대기 중의 이산화탄소를 증가시키지 않는다. 이러한 특성을 탄소중립(carbon neutral)이라고 한다. 화석자원에 함유된 탄소도 대기 중의 이산화탄소가 고정된 것이긴 하지만, 화석자원이 만들어진 수억 년 전의 옛날 것으로서 현재에 한정하여 말한다면 화석자원을 사용하는 것은 대기 중의 이산화탄소를 증가시키는 것이다. 따라서 화석자원에 대해서는 탄소중립이라고 하지 않는다.

3) 목질바이오매스

목질바이오매스는 이산화탄소와 태양에너지를 이용한 광합성 과정을 통하여 목질 자원으로 저장하는 효과적인 에너지 보관시스템이다. 광합성 과정에서 이산화탄소를 사용하기 때문에 지구 온난화의 가장 큰 원인인 이산화탄소 배출에 대해서 자유로운 에너지원이 된다.

지구 전체의 바이오매스의 양을 살펴보면 열대다우림이 전체 바이오매스 중 41.6%를 차지하여 가장 많다. 그 다음이 열대계절림 · 북방침엽수림 · 온대낙엽수림의 순이다. 놀라운 것은 점유 면적이 지구의 10% 안팎에 불과한 산림이 전체 바이오매스 중 90% 이상을 차지한다는 사실이다. 이는 목질바이오매스의 중요성을 극명하게 보여주는 증거이다. 그러나 동남아시아와 남아메리카 등지의 대규모적인 산림 벌채나 개발 등으로 지구상의 바이오매스는 해마다 달라지고 있으며, 이와 관련한 지구 규모의 환경 변화가 지적되고 있다. 따라서 우리가 산림에 대해 적절한 개발과 이용을 꾀한다면 목질 바이오매스의 가치와 활용도는 더욱 빛날 것이다.

한편, 1970년대와 80년대를 거치면서 석유파동 시기에 목질 바이오매스로 석유를 대체하려는 다양한 연구가 시도되었다. 그러나 1980년대 후반부터 원유가격이 다시 안정을 찾으면서 이런 시도들은 브라질을 제외하고는 대부분 결실을 맺지 못하였다. 2000년대 초반부터 다시 석유가격이 급등하면서 다양한 연구들이 재시도되고 있는 실정이다.

지금까지 연료나 화학원료의 생산 기술은 석유 자원을 이용한 화학적 합성공정에 크게 의존하였으나, 이로 인한 환경 및 자원 고갈 등의 문제가 대두되었다. 이러한 공해 유발형 및 에너지 과소비형 화학원료 생산공정을, 재생 가능한 자원인 바이오매스를 이용한 생물공학적 공정으로 대체하여 탈공해 · 저공해의 청정 생물공학 기술(green–biotechnology)을 개발하려는 연구가 활발히 진행되고 있다. 실제로

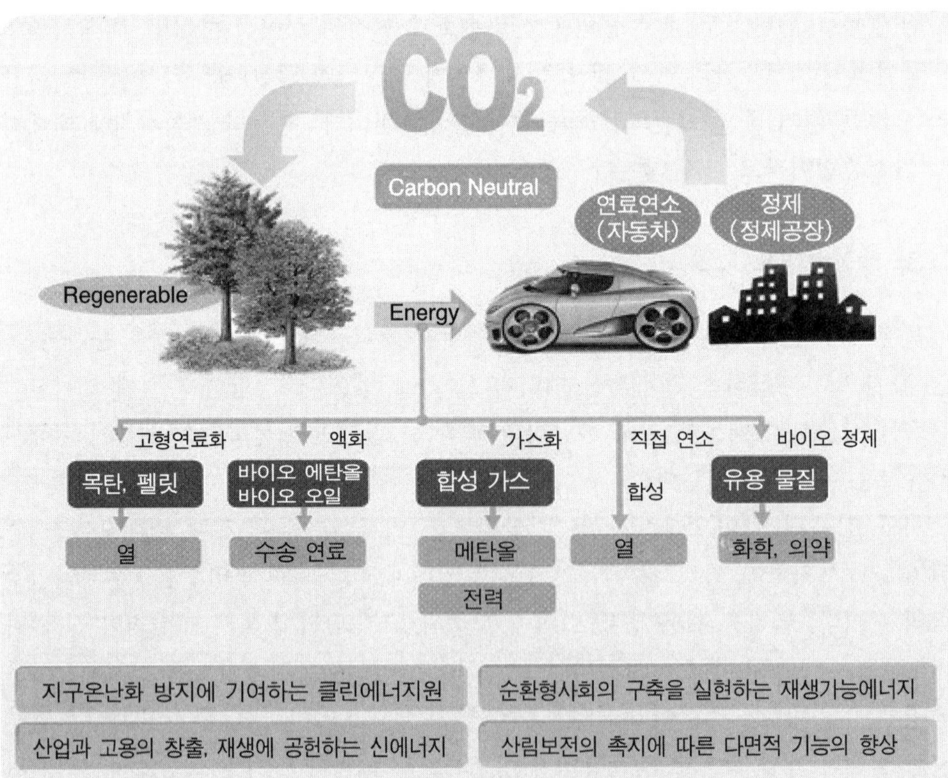

그림 9–3. 목질 바이오매스 활용과 의의

사탕수수나 옥수수의 전분계 탄수화물을 효소 가수분해 후 발효시켜서 에탄올을 생산하여 가솔린을 대체하는 연구들이 성공하여 브라질과 미국 내에서는 많은 공장들이 현재 가동되고 있다. 그러나 전분계 탄수화물은 대부분 식량자원이기 때문에 대체 연료로서의 긍정적인 효과를 일부분 갖지만, 식량자원으로서의 가치와의 경합이라는 피할 수 없는 논쟁을 불러일으키고 있다. 따라서 목질 바이오매스 자원을 효과적으로 이용하면 대체 에너지 개발이 가능하면서도 식량 문제에 자유로울 수 있다.

따라서 "재생가능" 그리고 "탄소중립"이라 하는 두 가지의 큰 특징을 가지는 목질 바이오매스는 ① 이산화탄소 배출 감소와 연관되어 지구온난화 방지에 기여하는 클린에너지, ② 순환형사회의 구축을 실현하는 재생에너지, ③ 산업과 고용의 창출 · 재생에 공헌하는 신규에너지, ④ 산림보전의 촉진에 따른 다면적 기능의 향상이라는 의의를 갖추고 있다.

3. 바이오에너지와 바이오리파이너리

1) 바이오매스 변환

지구의 생태계에서는 끊임없이 동물과 식물의 개체가 탄생하고 이것들이 죽으면 그 유체를 미생물이 분해하여 자연으로 되돌려 보내는 물질 순환 사이클이 가동되고 있다. 그런데 지구의 청소부인 미생물을 대신하여 동식물의 유체를 인간이 에너지나 유기원료로 이용하려고 하는데 이러한 기술을 바이오매스 변환이라 한다. 인류가 나무를 그들의 삶에 이용하기 시작한 이래로 바이오매스를 변환하여 사용하였다. 예를 들어 마른 잎이나 짚을 태워 밥을 짓거나, 장작으로 물을 끓여 증기기관차나 자동차를 굴리고, 횃불로 어둠을 밝힌 것은 바이오매스를 직접적으로 이용한 것이다. 반면에 목재를 구워 숯을 만들거나, 쌀이나 포도로부터 술을 빚거나, 풀이나 짚을 썩혀 퇴비를 만든 일은 바이오매스를 변환하여 이용하는 것이다.

현재 에너지원으로 큰 비중을 차지하는 석유는 머지않은 장래에 고갈될 것으로 예상되고 있으며, 이를 대신할 에너지원을 찾기 위한 다각도의 노력이 전 세계적으로 벌어지고 있다. 광합성 연구로 1961년 노벨화학상을 수상한 미국의 화학자 캘빈은 "석유 고갈 시대를 대비하여 식물을 매체로 한 태양에너지 이용 기술을 개발하자"고 제창하였으며, 1976년 9월에 열린 미국화학회에서는 "석유가 나는 나무(*Euphorbia lathyris*)를 발견하였다"고 발표한 바 있다.

그림 9-4. 석유가 나는 식물로 알려진 *Euphorbia lathyris*

이후 1978년부터 시작된 제 2차 석유파동을 계기로 세계 각국에서는 바이오매스 이용에 관한 연구가 활발해졌다. 그 결과 일본에서는 코알라의 먹이로 잘 알려진 유칼립투스의 잎에서 채취한 기름으로 가솔린을 대신하는 자동차의 연료가 될 수 있다는 가능성이 입증되기도 하였으며, 술을 빚는 발효법으로 사탕수수나 카사바로부터 바이오에탄올(bioethanol, 화학적으로 합성한 알코올이 아닌 녹말이나 셀룰로오스로부터 얻어 낸 알코올을 이름)을 뽑아 휘발유와 혼합하여 사용하는 기술이 브라질이나 미국에서는 이미 일부 실용화되고 있으며, 유럽과 우리나라에서도 바이오에탄올의 상용화를 서두르고 있다. 이처럼 바이오매스 이용에 특히 관심이 깊은 나라는 석유가 나지 않는 동남아시아와 남아메리카의 개발도상국 및 유럽의 선진국들로서, 바이오매스를 이용한 에너지(바이오에너지, bioenergy) 개발은 이제

그림 9-5. 기름야자나무의 열매

그림 9-6. 자트로파의 열매

전 세계적인 주요 당면과제가 되었다. 최근에는 휘발유를 대신하는 알코올뿐만 아니라 경유를 대신하는 바이오디젤(biodiesel, 디젤 엔진에 사용하기 위하여 주로 식물성 기름을 화학적으로 변환하여 얻은 수송용 연료를 이름)을 얻기 위해, 세계 각국에서 기름야자나무(oil palm)나 자트로파(jatropha)를 대량으로 인공조림하고 있다.

한편, 석유를 구성하는 탄화수소와 마찬가지로 이론적으로는 화학 · 생물공학 기술을 응용하여 바이오매스를 구성하는 탄수화물로부터 우리 일상생활에 쓰이는 거의 모든 화학제품을 얻을 수 있다. 실제로 미국의 카길다우(Cargill Dow) 사는 네브래스카 주에 건설된 '바이오리파이너리' (biorefinery, 식물체 등 바이오매스를 원료로 에탄올 · 부탄올 · 아세톤 등의 바이오연료와 젖산 · 숙신산 등의 화학원료를 만드는 기술 또는 생산 시설을 말함)에서 옥수수를 원료로 젖산을 포함한 여러 화학제품과 생분해성 플라스틱(polylactic acid)을 생산하기 시작하였다. 또한 최근에는 목질계 바이오매스와 성분이 비슷한 옥수숫대와 밀짚으로부터의 젖산 생산을 시도하고 있다. 이러한 바이오매스를 이용한 범용 화학제품의 생산은 석유의 소비를 줄일 뿐만 아니라 공정 자체에서 에너지 소비를 줄일 수 있어 석유 소비를 절감하며, 석유화학계 플라스틱 등을 대체하여 환경오염을 감소시키는 역할을 하게 된다.

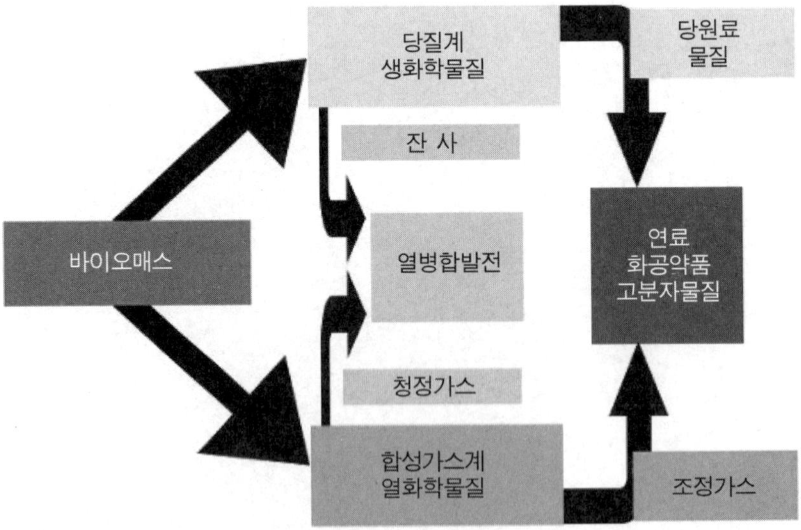

그림 9-7. 바이오리파이너리 개념도

2) 바이오연료

바이오매스를 에너지원으로 이용하는 방법에는 여러 가지가 있다. 바이오매스의 직접 연소는 바이오매스의 용도 중에서 가장 저차원의 것이다. 그럼에도 오늘날 세계 연간 에너지 공급량의 6분의 1은 바이오매스로부터 직접 얻어지고 있으며, 벌채된 수목의 약 절반이 고형 연료의 형태로 요리 및 난방용으로 이용되고 있는 현실이다.

그런데 연료의 균질성 측면이나 에너지 밀도가 높고 취급이 용이하다는 점 등에서 보면 연료의 유체화(액체 또는 기체로의 변환) 쪽이 이점이 많다. 그래서 여러 가지 전환 기술이 개발되어 있는데, 가장 많이 보급되어 있는 것이 알코올화(액체화)와 메탄의 생성(가스화)이다.

그림 9-8. 바이오연료의 종류

직접 연소에 사용되는 고체바이오연료로는 장작, 톱밥, 칩(chip, 칼날이 장착된 기계를 사용하여 일정한 크기로 절삭한 것), 호그(hog, 칼날 또는 햄머 등이 장착된 기계를 사용하여 크기가 일정하지 않게 파쇄한 것), 브리켓(briquet), 펠릿(pellet) 등이 일반적인데, 브리켓과 펠릿은 1970년대 후반에 개발되어 사용하기 시작하였다. 브리켓과 펠릿은 톱밥 또는 대팻밥 등의 목질계 바이오매스를 높은 압력과 열로 고밀화 하여 만든 것으로, 브리켓은 장작처럼 크기가 크지만, 펠릿은 크기나 모양이 거의 동물 사료와 비슷하다. 펠릿은 최근에 북미나 유럽에서 가정용의 자동화된 난로나 보일러의 연료로 사용되고 있으며, 북유럽에서는 열병합발전소의 연료로도 많이 이용되고 있다.

그림 9-9. 현재 세계적으로 유통되고 있는 목질계 고체바이오연료

유체화된 바이오연료에는 액체 바이오연료인 바이오에탄올 · 바이오메탄올 · 바이오디젤 · 바이오오일과, 기체 바이오연료인 바이오수소 · 바이오메탄이 있다. 이러한 바이오연료는 일차적으로는 운송 수단의 연료로 사용되고, 또한 여러 엔진들의 연료나 전기를 발생시키는 연료전지에도 쓰인다.

바이오에탄올은 바이오매스의 탄수화물이 당으로 전환되어 만들어지는 것인데, 전환된 당은 다시 효모에 의해 발효되는 과정을 거침으로써 바이오에탄올로 변환된다. 이처럼 바이오에탄올은 옥수수 등의 곡물로부터 얻은 녹말을 생화학적 기술을 이용하여 변환한 것으로서, 현재 가장 널리 이용되고 있는 바이오연료의 하나이다. 이는 휘발유 차량의 직접적인 연료로 사용되거나, 일산화탄소와 스모그를 일으키는 배출 물질들을 줄이는 연료 첨가제로도 널리 사용되고 있다. 1908년 포드자동차 회사에서 출시된 Model T 차량은 휘발유 뿐만 아니라 에탄올도 사용할 수 있도록 개발된 것이었다. 최근에는 세계 3대 모터스포츠 대회 중 하나인 인디500 2007년 경주에서도 100% 바이오에탄올만 사용하는 자동차로 경기를 치렀다. 이처럼 바이오에탄올이 자동차 연료로 급부상함에 따라 향후 자동차 시장은 FFV(flex fuel vehicle, 바이오에탄올과 휘발유를 적절히 섞어 써도 되는 자동차를 이름)에 의해 뜨겁게 달아오를 것으로 전망된다. 한편, 최근에는 곡물로부터 바이오에탄올을 얻는 것이 환경적으로나 사회적으로 좋지 않다 하여 목질계 바이오매스로부터 에탄올을 얻고자 하는 노력이 탄력을 더해 가고 있다. 목질계 바이오매스로부터 얻은 바이오에탄올은 곡물계 바이오매스로부터 얻은 바이오에탄올과 구별하기 위해 '셀룰로오스에탄올' 이라고도 일컫는다.

그림 9-10. 바이오에탄올을 사용한 경주차(2007 인디500 경주에서 우승한 Dario Franchitti)

바이오디젤은 대두유, 유채유, 동물의 지방질, 폐식용유, 해조유로부터 만들어진다. 유기적으로 추출된 기름이 알코올(에탄올이나 메탄올)과 화합되는 과정에서 에틸에스테르나 메틸에스테르를 형성함으로써 바이오디젤이 생성된다. 이 바이오디젤은 기존의 경유와 혼합하여 차량의 배기가스를 줄이는 디젤 첨가제로 사용하거나 100% 그 자체를 차량 연료로 사용할 수 있다.

그림 9-11. 바이오디젤 주유소

그림 9-12. 캐나다 Dynamotive사의 바이오오일 플랜트

한편, 목질계 바이오매스는 열화학적 변환 기술(고온의 무산소 상태에서의 열분해 과정)에 의해 액상의 바이오연료로 변환시킬 수가 있는데, 이렇게 얻어진 것도 바이오디젤이라 불러 왔으나 최근에는 식물성 기름으로부터 얻어진 바이오디젤과 구별하는 의미에서 바이오오일이라 칭하기도 한다. 바이오오일은 최근 캐나다에서 상용화되어 열병합발전소의 연료로 사용되고 있으며, 유럽 각국에서도 본격적인 연구와 상용화가 진행되고 있다.

목질계 바이오매스는 열화학적 변환 기술에 의해 가스화되어, 수소와 일산화탄소로 구성된 합성가스(syngas) 혹은 바이오합성가스(biosyngas)로 불리는 혼합가스를 생성한다. 수소는 이 합성가스에서 환원될 수도 있고, 혹은 촉매작용을 통해 메탄올로 전환되기도 한다. 또 발전에 필요한 터빈을 돌리기 위한 동력을 얻을 목적으로 바이오매스로부터 가스를 생성해 내기도 한다. 가스화 시스템은 바이오매스를 가스(수소, 일산화탄소, 메탄의 혼합)로 전환시키기 위해 고온을 사용한다. 고형연료인 숯(목탄)도 열화학적 변환기술에 의해 얻어지지만, 합성가스 생산을 위한 열분해 과정보다는 낮은 온도에서 변환이 이루어진다는 점이 다르다. 또한 이 합성가스는 촉매를 이용한 화학반응(Fischer−Tropsch 반응)을 거치면 액상의 탄화수소로 변환되는데, 이를 BTL(biomass to liquid)이라 일컬으며 디젤엔진 등에 사용할 수 있는 연료로서의 가능성 때문에 주목의 대상이 되고 있다.

또한 유기성 폐기물(음식 쓰레기, 분뇨, 동물체, 목질 폐잔재 등)로부터는 미생물에 의한 발효를 통해 메탄과 같은 바이오가스(biogas)를 얻을 수 있는데, 이는 전기발전이나 산업공정 과정에서 증기를 만드는 보일러의 연소용 연료 또는 가정의 조리용 연료로 쓰이고 있다.

한편, 생물체의 광합성 작용을 이용하여 직접 바이오연료를 만들 수도 있는데, 이는 광생물학적 변환 기술에 속한다. 예를 들어 박테리아와 녹조류의 광합성은 물과 햇빛으로부터 수소를 생산하는데 이때 얻어진 수소를 '바이오수소' 라고 부른다. 목질계 바이오매스의 열화학적인 변환을 통해 얻어진 합성가스로부터 분리된 수소 역시 바이오가스로 불리는데, 이러한 바이오수소는 연료전지 등에 사용되는 수소에너지로의 활용이 기대되고 있다.

3) 바이오에너지의 미래

목질계 바이오에너지가 지구의 미래와 환경를 전적으로 책임진다고는 할 수 없으나, 다소나마 지구 환경의 개선에 이바지 할 것이라는 사실에는 의문의 여지가 없다. 앞서 언급한 것처럼 목질계 바이오매스로부터 바이오연료와 화학원료를 얻고자 하는 시도는 전 세계적인 과제가 되고 있는 실정이며, 이미 상용화의 길을 걷고 있는 분야와 곧 성공적인 희소식을 안겨 줄 분야도 있는 반면, 아직 그 끝이 보이지 않는 분야도 있다.

그런데 최근의 국제적인 경제 동향을 보면 목질계 바이오에너지 분야는 그야말로 '맑음'이라고 할 수 있다. 미국의 골드만삭스사는 2005년도에 캐나다의 아이오젠사에 3,000만 달러의 투자를 감행한다고 발표했다. 또한 마이크로소프트사의 빌게이츠 회장도 2005년도에 퍼시픽에탄올사에 8,400만 달러를 투자한다고 하였다. 그리고 미국의 부시대통령은 2006년 연두기자회견에서 2012년에 셀룰로오스에탄올을 생산하기 시작하여 2030년에는 사용비율을 30%까지 끌어 올리겠다고 발표하였다. 유럽 각국도 바이오연료 관련의 연구개발 예산을 점차 늘려가는 동시에 보급확산을 위한 법률적, 사회적 기반을 다지고 있는 실정이다.

이제 청정하고 재생가능한 에너지를 찾아 사용하는 일은 미래의 일이 아닌 현실이 되어가고 있다. 이것이 우리들 인류의 미래를 위한 도전인 만큼 우리의 미래를 불안하게 만드는 부메랑이 되지 않도록 모두가 노력하여야 할 것이라 생각하며, 나아가 대한민국의 기술이 미래에너지 개발에 있어서 핵심적인 역할을 하게 될 것을 기대한다.

〈참 고 문 헌〉

1. Eija Alakangas. 2007. CEN 335－Solid Biofuels.
2. IEA. 2005. Energy Balances of OECD Countries.
3. IEA Bioenergy T34. 2007. Biomass Pyrolysis.
4. Worldwatch Institute. 2006. Bio-Fuel for Transportation.
5. 산림청. 2005. 산림바이오매스를 활용한 대체에너지 이용연구.
6. 한규성외. 2006. 바이오농업은 제2의 녹색혁명인가. 지성사.

찾아보기

(사)

(차)

생활속의 나무이야기

2008년 3월 15일 초판 1쇄 발행
2014년 2월 20일 2쇄 발행

값 15,000원

저 자 오세창 · 안세희 · 한규성

발행자 양 희 돌
인쇄처 천 광 문 화 사

경기도 고양시 일산서구 하이파크 3로 17
發行處 先 進 文 化 社
<등록 제410-2005-000040호>
ISBN 978-89-7392-252-9 92570

☏ (031) 925-8237· 8238, FAX 925-8239